인터넷
동영상 다운
노하우

인터넷 동영상 다운 노하우

초판 1쇄 인쇄 2011년 08월 30일
초판 1쇄 발행 2011년 09월 04일

지은이 | 박상욱
펴낸이 | 손형국
펴낸곳 | (주)에세이퍼블리싱
출판등록 | 2004. 12. 1(제315-2008-022호)
주소 | 서울특별시 강서구 방화3동 316-3번지 한국계량계측협동조합회관 102호
홈페이지 | www.book.co.kr
전화번호 | (02)3159-9638~40
팩스 | (02)3159-9637

ISBN 978-89-6023-655-4 03560

전세계 모든 동영상을 그대 품안에

인터넷 동영상 다운 노하우

Internet Video
Down Know-how

박상욱 저

1996년
국내 저자로는 최초의 동영상 편집 프로그램 서적인
'프리미어 4.0 대중화시대 선언' 출간!

2011년
국내 처음으로 선보이는
인터넷 동영상 다운 전문서적 전격 출간!

ESSAY

머리말

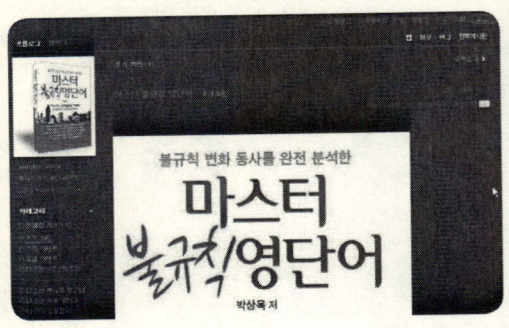

이 책은 필자의 저서 '마스터 쏙쏙 영단어', '마스터 불규칙 영단어',
'마스터 실용한자'를 홍보하기 위해 만들었던
'마스터 영어/한자/컴퓨터 시리즈(http://master_voca.blog.me)' 블로그의
여러 가지 동영상 다운 방법, 업로드 방법을 책으로 엮은 것이다.

필자가 집필한 영어/한자책을 홍보하기 위해 동영상 블로그를 만들었지만,
오히려 그것을 통해 더 많은 동영상 기법을 폭넓게 익힐 수 있었다.

또한 이 책에 수록된 여러 가지 방법들은
'한훈 직업전문학교(관악구 봉천동 소재)'의 '쇼핑몰 창업과정'에서
강의한 경험을 토대로 했다.

이 책을 통해 동영상 다운을 갈망하는 수많은 네티즌들에게
한줄기 오아시스가 되기를 기원한다.

2011년 8월 15일
도봉산 기슭에서

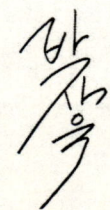

차례

1 Orbit Downloader를 이용한 동영상 다운받기

부록 사이트로부터 Orbit Downloader 프로그램 다운받기 ····················· 8

Orbit Downloader 프로그램 설치하기 ······························· 11

심파일 사이트로부터 Orbit Downloader 프로그램 다운받기 ············· 19

Orbit Downloader 프로그램을 이용해 유투브 동영상 다운받기 ·············· 21

'윈도우 탐색기'를 이용하여 숨겨져 있는 파일의 확장자 나타내기 ··········· 30

쉬어가는 페이지 파일의 확장자 ································ 34

2 다음 팟인코더(Daum PotEncoder)를 이용한 동영상 포맷(형식) 변환하기

다음 팟 인코더(Daum PotEncoder)를 다운받아 설치하기 ·············· 37

'다음 팟 인코더' 프로그램을 이용하여, 다른 포맷으로 동영상 인코딩하기 ········· 44

네이버 블로그에 변환된 동영상 올리기 ······················· 51

'다음 팟 인코더'를 이용하여 동영상에서 오디오 파일 추출하기 ··········· 59

쉬어가는 페이지 코덱 / 코덱의 필요성 ························· 65

3 프리 뮤직 질라(Free Music Zilla)를 이용한 동영상 다운받기

Free Music Zilla 프로그램 설치하기 ·························· 68

'다음(Daum)' 사이트에서 동영상 다운받기 ····················· 77

다운로드 폴더를 자신이 원하는 폴더로 변경하기 ················· 85

쉬어가는 페이지 사운드 파일의 종류 ························· 87

❹ UCC 다바다를 이용한 동영상 다운받기

'UCC 다바다' 프로그램 설치하기 ·· 91

'UCC 다바다' 프로그램을 이용하여, '다음 사이트'의 동영상 다운받기 ·········· 97

'실시간 모니터링'을 이용하여 특정 사이트의 동영상 다운받기 ·········· 104

쉬어가는 페이지 동영상 파일의 종류 ·································· 115

❺ 파이어폭스(Firefox)를 이용하여 이미지 다운받기

웹 브라우저 '파이어폭스' 설치하기 ·································· 120

'그리스몽키'를 이용하여 마우스 오른쪽 버튼 사용금지 해제하기 ·········· 132

부록 사이트를 이용하여 '그리스몽키' 간편하게 사용하기 ·········· 142

쉬어가는 페이지 동영상의 확장자 종류 ····························· 144

❻ 파이어폭스(Firefox)를 이용하여 동영상 다운받기

DownloadHelper 프로그램 설치하기 ······························ 147

'설정' 대화박스에서 본인이 원하는 '저장 폴더' 지정하기 ·············· 151

DownloadHelper 프로그램을 이용하여 동영상 다운받기 ·············· 155

'파이어폭스' 프로그램에서 DownloadHelper 기능 제거하기 ·············· 162

부록 사이트를 이용하여 DownloadHelper 간편하게 사용하기 ·············· 165

❼ DVD 원본 파일을 변환하여 블로그에
대형화면 동영상 연결하기

DVD 파일을 컴퓨터로 복사하기 ···································· 168

DVD 동영상의 특정 구간을 AVI 파일로 변환하기 ···················· 174

'유투브 사이트'에 업로드한 동영상을 '네이버 블로그'에 연결하기 ·········· 184

쉬어가는 페이지 공중파(지상파) 방송의 동영상을 블로그에 게재하는 방법 ·········· 198

❽ 유투브 동영상을 네이버 블로그에 공유하기

검색한 유투브 동영상을 네이버 블로그에 연결하기 ···················· 202

유투브 동영상의 필요한 부분만 잘라서 구간 재생하기 ···················· 209

1장

Orbit Downloader를 이용한 동영상 다운받기

▲ 다양한 프로토콜을 지원하는
다운로드 가속 프로그램 Orbit Downloader

파일과 동영상, 이미지, 스트리밍 파일들을 쉽고 빠르게 다운로드 받을 수 있도록 해주는 무료 다운로드 가속 프로그램이다.

기본적으로 분할 다운로드와 여러 파일을 동시에 다운로드할 수 있는 기능과 함께 예약 다운로드, 일괄 다운로드 등의 다양한 기능을 제공하고 있으며, 인터넷 익스플로러 외에도 Firefox, Maxthon, Opera와 같은 다양한 브라우저들을 지원한다.

기본 언어 설정은 영어로 되어 있지만, 설치 후 'View → Language → Korean' 을 통해 한글로 바꿀 수 있다.

부록 사이트로부터
Orbit Downloader 프로그램 다운받기

1. 웹 브라우저의 주소 입력란에 http://blog.daum.net/cinemart 를 입력한다.

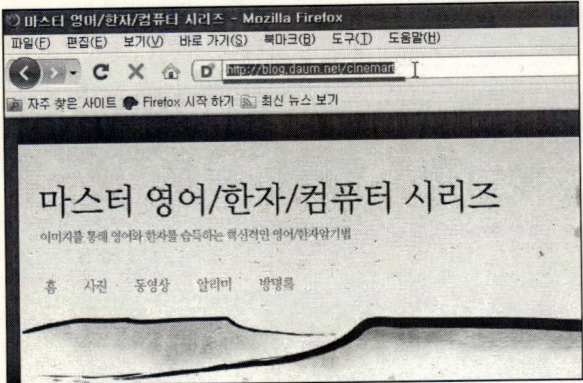

2. 왼쪽 메뉴에서 '컴퓨터 자료' 메뉴를 클릭한다.

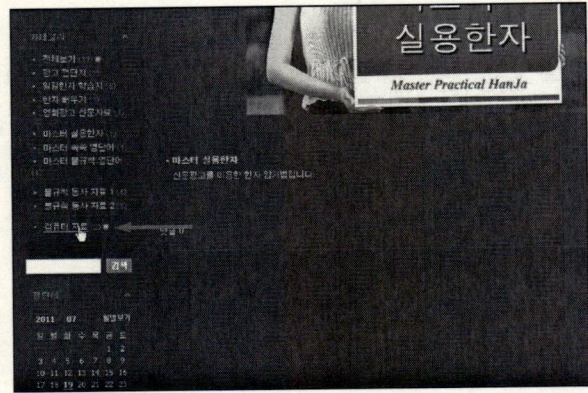

다운받기

3. Orbit Downloader의 orbit.exe를 클릭한다.

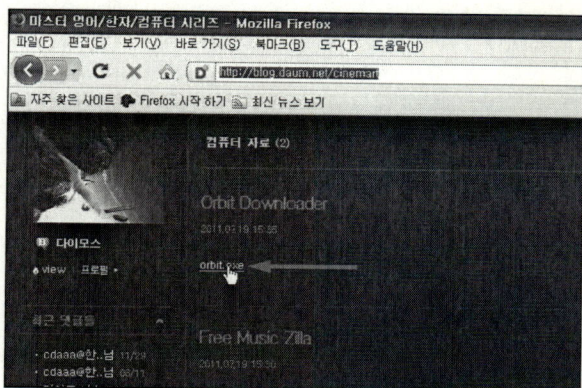

4. 다시 Orbit Downloader의 orbit.exe를 클릭한다.

5. 다음과 같은 대화박스가 나타나면 '파일 저장' 버튼을 클릭한다.

다운받기

6. '다른 이름으로 저장' 대화박스가 나타나면 다운 받으려는 폴
더를 지정한 다음, 오른쪽 하단부의 '저장' 버튼을 클릭한다.

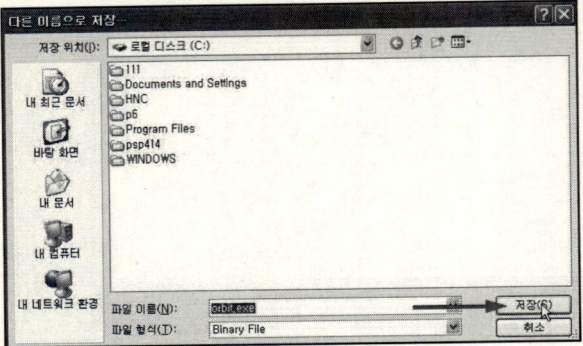

7. 컴퓨터 하드 디스크에 orbit.exe 파일이 다운된 것을 볼 수 있
다.

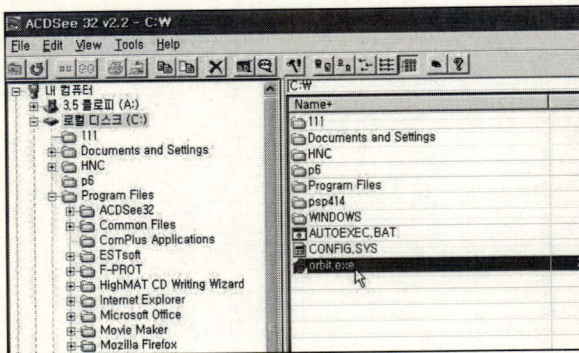

Orbit Downloader
프로그램 설치하기

1. 다운된 orbit.exe를 두 번 클릭하여 '파일 열기' 대화박스가 나타나면, '실행' 버튼을 클릭한다.

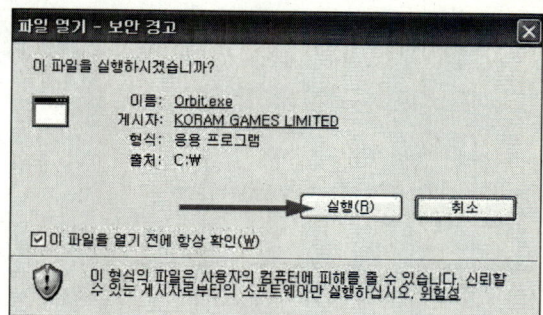

2. Setup 대화박스가 나타나면 Next 버튼을 클릭한다.
   열려져 있던 익스플로러나 파이어폭스는 자동적으로 종료된다.

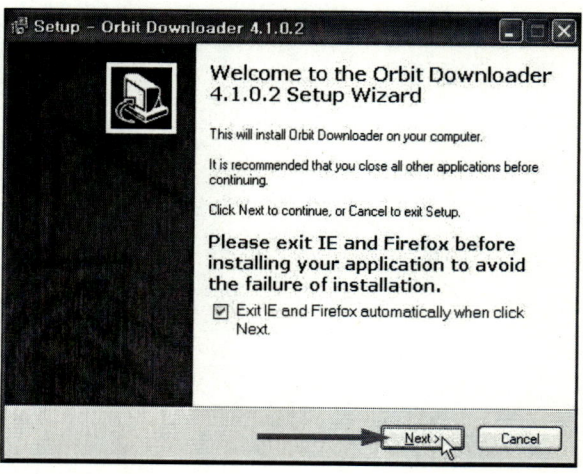

11

설치하기

3. 다음과 같은 화면이 나타나면, 'I accept the agreement(나는 동의합니다)' 옵션을 체크한 다음, Next 버튼을 클릭한다.

※ 체크하지 않으면, 다음 화면으로 넘어갈 수 없다.

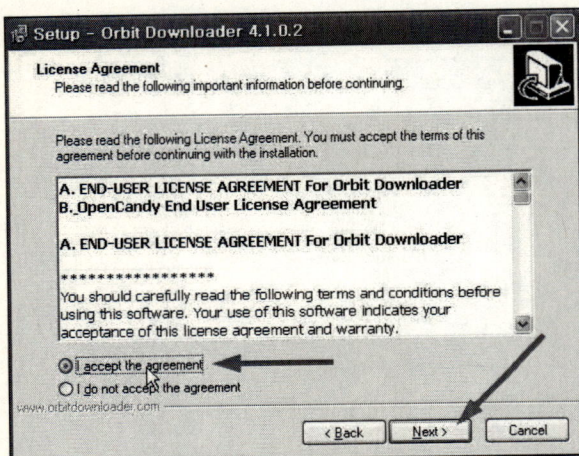

4. 다음과 같은 화면이 나타나면, Next 버튼을 클릭한다.

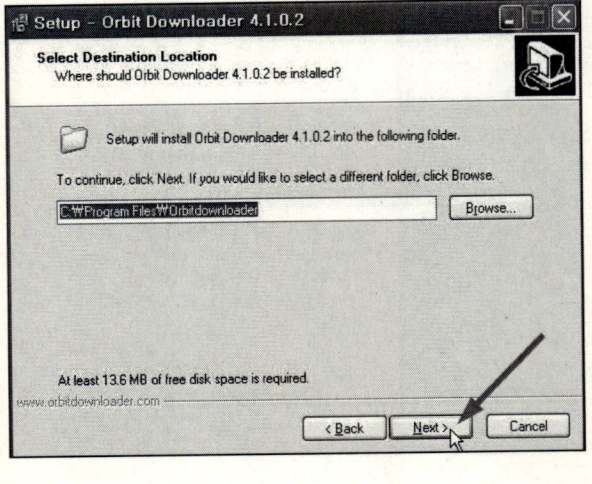

설치하기

5. 다음과 같은 화면이 나타나면, Next 버튼을 클릭한다.

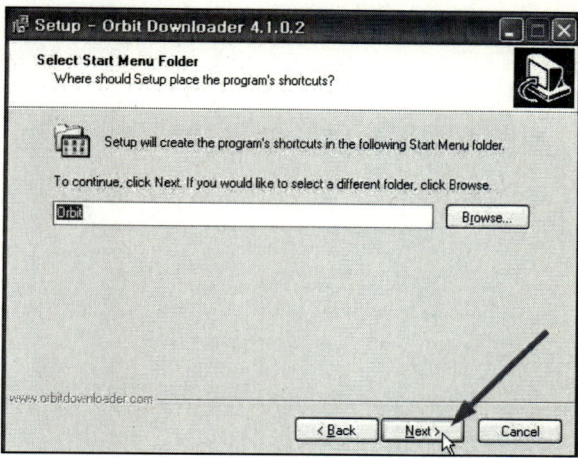

6. 다음과 같은 화면이 나타나면, Create desktop icon과 Firefox 옵션만 체크된 상태에서, Next 버튼을 클릭한다.

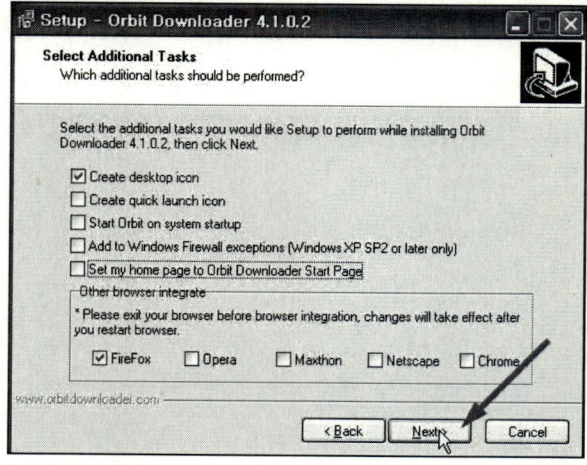

설치하기

7. 다음과 같은 화면이 나타나면, 'Enable Grab Pro for Internet Explorer' 옵션을 체크 해제한 상태에서, Next 버튼을 클릭한다.

※ 이 옵션이 체크되어 있으면, 익스플로러 화면에 Grab 화면이 귀찮을 정도로 자주 나타난다.

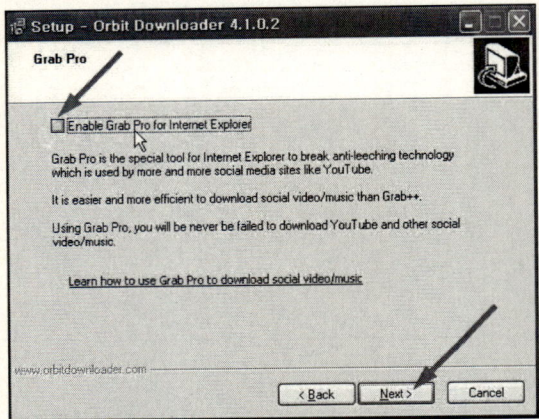

8. 다음과 같은 화면이 나타나면, 'I do not want to install DriverScanner 2011' 옵션을 체크한 상태에서, Next 버튼을 클릭한다.

※ 이 옵션을 체크하지 않으면, 불필요한 프로그램이 설치된다.

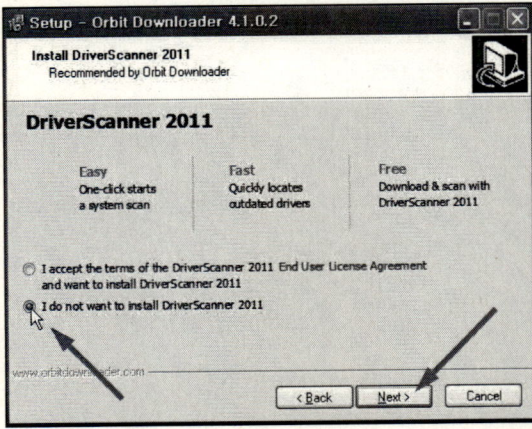

설치하기

9. Orbit Downloader 프로그램이 설치된다.

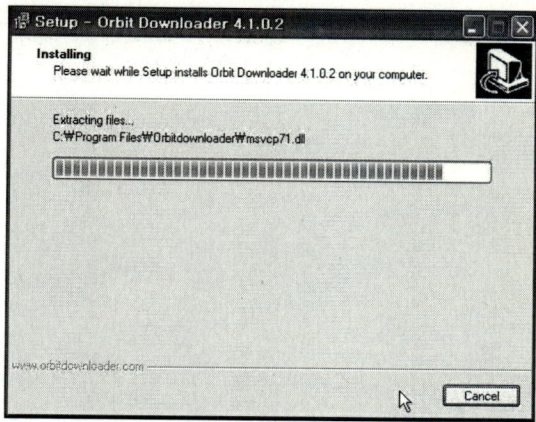

10. 다음과 같은 버튼이 나타나면, 하단부의 Finish 버튼을 클릭
한다.

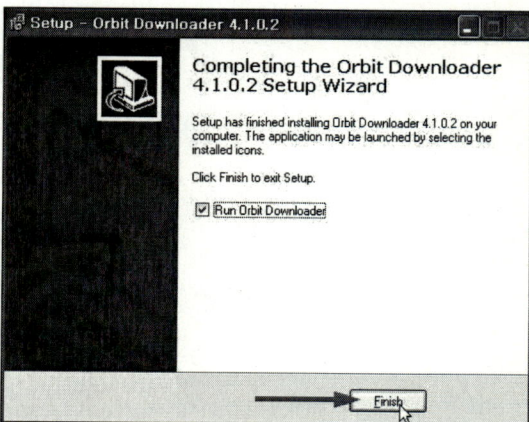

설치하기

11. 다음과 같이 Orbit Downloader 프로그램이 실행된다.

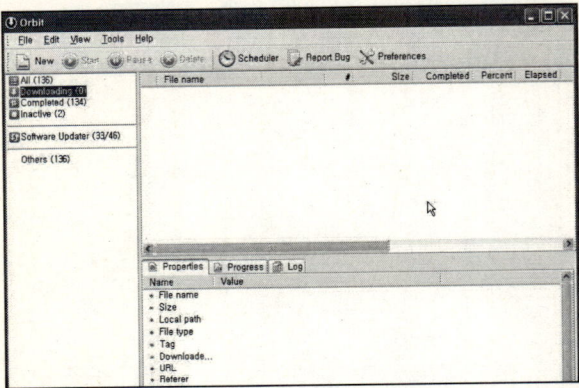

12. 이번에는 프로그램의 영어 메뉴를 한글로 바꾸어 본다.
View 메뉴의 Language - Korean을 선택한다.

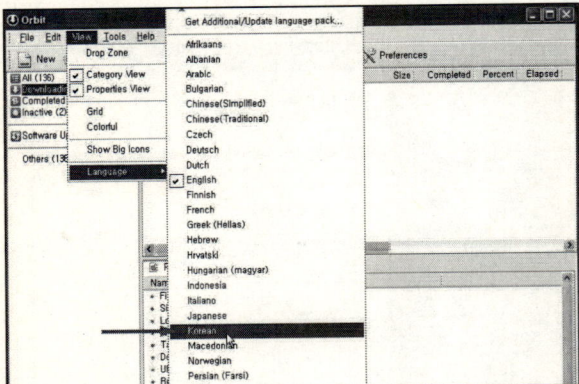

설치하기

13. 다음과 같이 모든 메뉴와 항목이 한글로 바뀌는 것을 볼 수 있다.

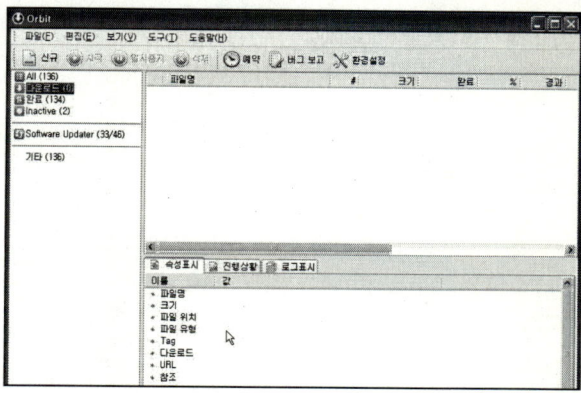

14. 이번에는 Orbit Downloader 프로그램에서 동영상을 다운받는 대화박스를 열어본다.

    '도구' 메뉴의 'Grab++'를 마우스로 선택한다.

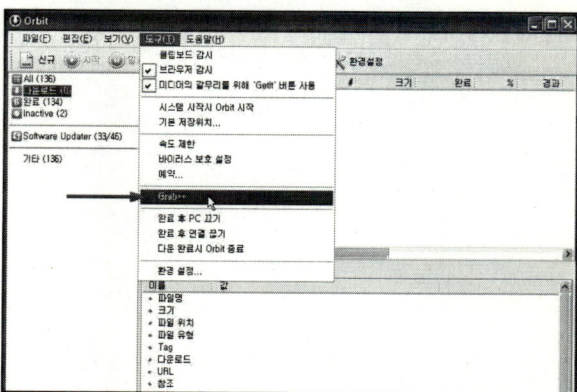

설치하기

15. 다음과 같이 Grab++ 대화박스가 화면에 나타난다.

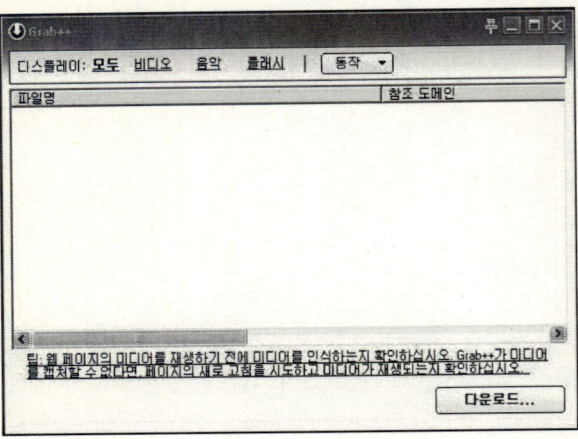

심파일 사이트로부터
Orbit Downloader 프로그램 다운받기

1. 포털 사이트에서 검색란에 '심파일'을 입력한 다음, 다음과 같이 화면이 나타나면 '심파일' 사이트를 클릭한다.

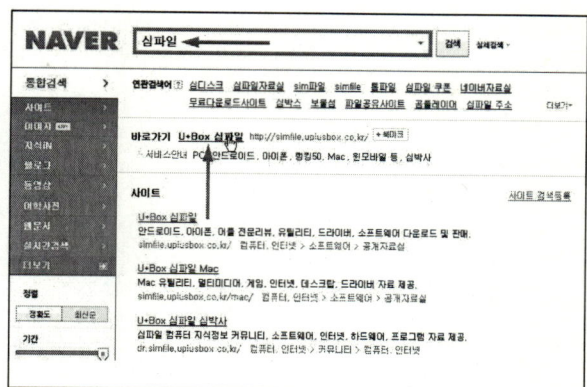

2. '심파일' 사이트의 검색란에 orbit를 입력한 다음, '검색' 버튼을 클릭한다.

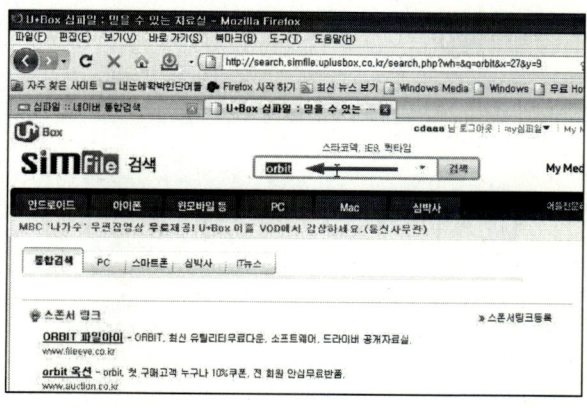

다운받기

3. 다음과 같이 여러 개의 Orbit Downloader 프로그램이 화면에 나타나는 것을 볼 수 있다. 부록 사이트의 프로그램이 실행되지 않을 경우에는 이와 같은 방법을 이용하면 된다.

제목	다운수	평가	카테고리	등록자	등록일
다양한 프로토콜을 지원하는 다운로드 가속 프로그램 "Orbit Downloader" v4.1.0.2	2,644	4.5	브라우저,RSS	izoo	2011.06.29
다양한 프로토콜을 지원하는 다운로드 가속 프로그램 "Orbit Downloader" v4.1.0.1	3,801	4.5	브라우저,RSS	izoo	2011.06.09
Orbit 아이디와 패스워드 보기 "Orbit Password Decryptor" v1.0	8	3.5	시스템,최적...	babykoro	2011.05.31
다양한 프로토콜을 지원하는 다운로드 가속 프로그램 "Orbit Downloader" v4.1.0.0	9,179	4.5	브라우저,RSS	izoo	2011.04.29
다양한 프로토콜을 지원하는 다운로드 가속 프로그램 "Orbit Downloader" v4.0.0.11	1,354	4.5	브라우저,RSS	izoo	2011.04.18
로봇을 이용한 병섬 전쟁 "Orbital Onslaught"	187	4.0	전략,시뮬,아...	lp0521	2011.04.11
다양한 프로토콜을 지원하는 다운로드 가속 프로그램 "Orbit Downloader" v4.0.0.10	3,241	4.5	브라우저,RSS	izoo	2011.03.30
다양한 프로토콜을 지원하는 다운로드 가속 프로그램 "Orbit Downloader" v4.0.0.9	1,223	4.5	브라우저,RSS	izoo	2011.03.22
다양한 프로토콜을 지원하는 다운로드 가속 프로그램 "Orbit Downloader" v4.0.0.8					

Orbit Downloader 프로그램을 이용해 '유튜브(Youtube)' 동영상 다운받기

1. 바탕 화면에 위치해 있는 Orbit 아이콘을 마우스로 두 번 클릭하거나, 오른쪽 버튼을 클릭하여 다음과 같은 메뉴 화면이 나타나면, '열기' 버튼을 클릭한다.

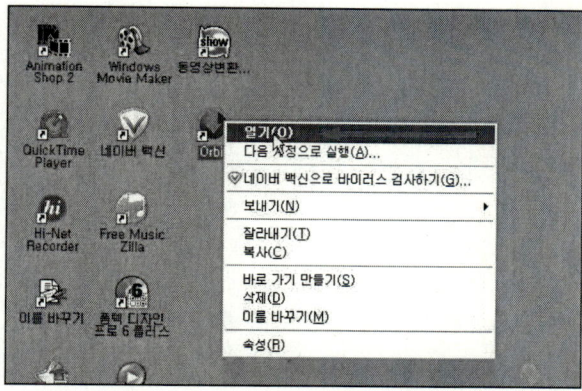

2. 오른쪽 하단부에 Orbit Downloader 프로그램의 아이콘이 위치해 있는 것을 볼 수 있다.

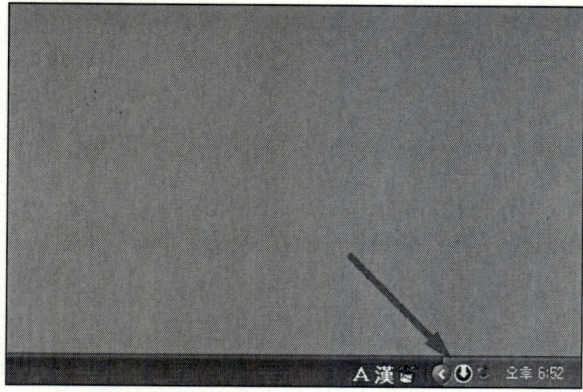

다운받기

3. Orbit Downloader 프로그램의 아이콘을 선택한 상태에서 마우스 오른쪽 버튼을 클릭하면, 다음과 같은 메뉴 화면이 나타난다. 중간에 위치한 Grab++ 항목을 선택한다.

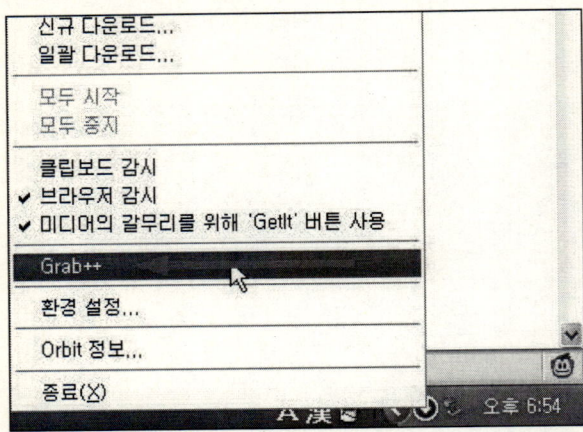

4. Grab++ 대화박스가 나타나면, 오른쪽 상단부에 위치한 '최소화' 버튼을 클릭하여 아래쪽으로 위치시킨다.

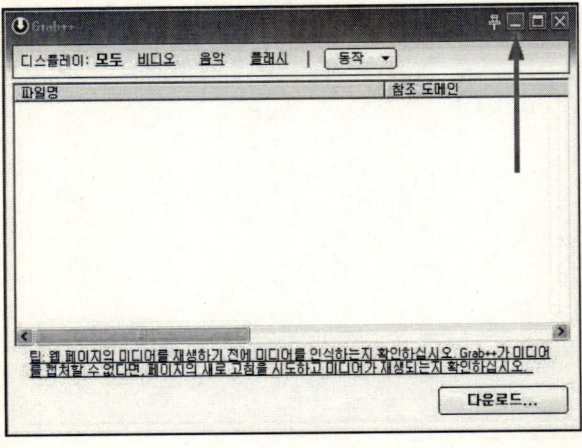

다운받기

5. 바탕 화면에 위치한 Firefox 아이콘을 마우스로 두 번 클릭
한다.

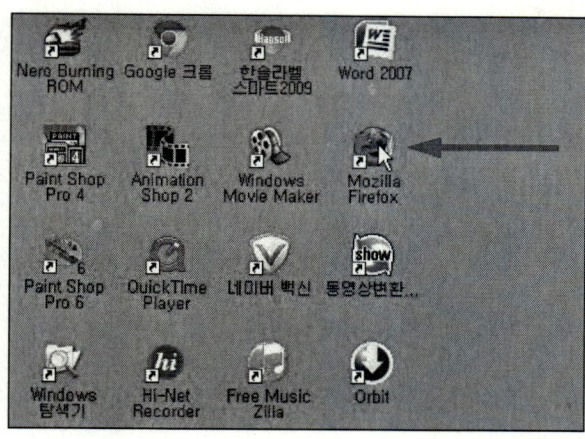

6. Firefox 프로그램이 화면에 나타나면, 오른쪽 상단부에 위치
한 돋보기 모양의 '검색' 버튼을 마우스로 클릭한다.

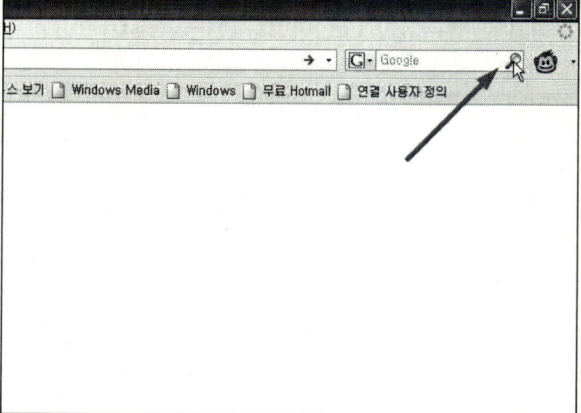

다운받기

7. 다음과 같은 화면이 나타나면, 상단부에 위치한 '동영상' 항목을 마우스로 클릭한다.

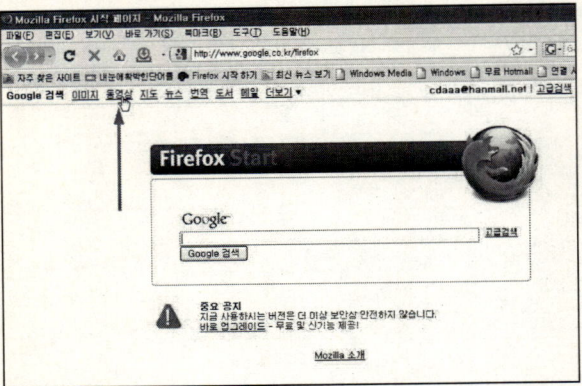

8. 다음과 같은 화면이 나타나면, 입력란에 '터미네이터'를 입력한 다음 '검색' 버튼을 마우스로 클릭한다.

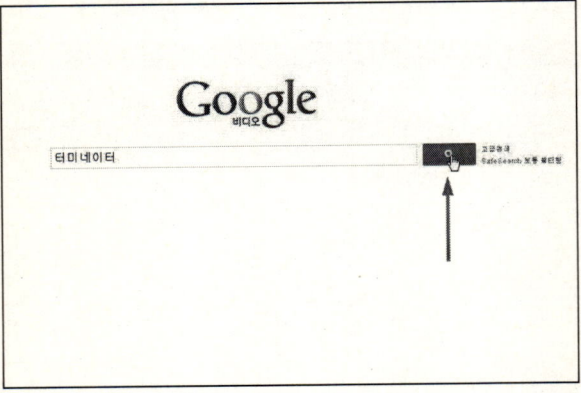

다운받기

9. '터미네이터'와 관련된 동영상 목록이 나타나면, '터미네이터2 예고편' 텍스트를 마우스로 클릭한다.

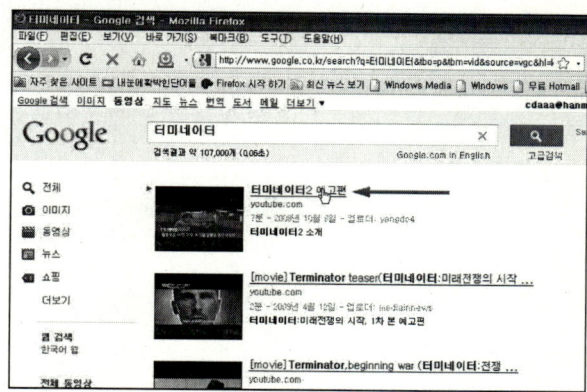

10. '터미네이터2 예고편' 동영상이 나타나면, ▶ 버튼을 클릭 하여 동영상을 재생시킨다.

다운받기

11. Grab++ 대화박스를 다시 활성화시키면, 다음과 같이 재생하고 있는 동영상의 정보가 대화박스 안에 나타난다. 동영상 항목을 마우스로 선택한 다음, 마우스 오른쪽 버튼을 클릭하여 팝업 메뉴에서 '다운로드'를 선택한다.

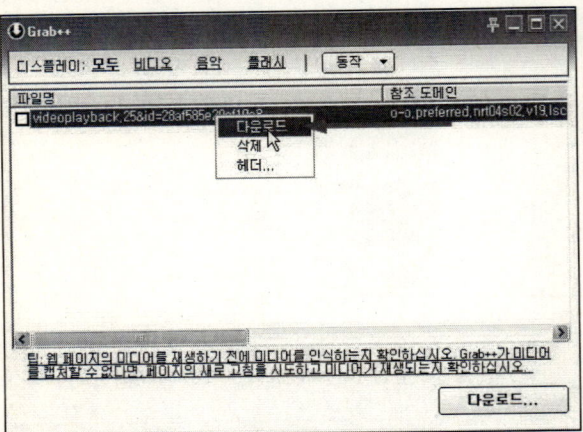

12. '새 다운로드 작성' 대화박스가 나타나면, '저장 이름' 입력란에 있는 videoplayback을 마우스로 드래그하여 블록으로 설정한다.

※ 한글 이름으로 바꾸어 주어야, 여러 개를 다운받더라도 원하는 동영상 파일을 쉽게 찾을 수 있다.

다운받기

13. '터미네이터'라는 이름으로 바꾸어 준 다음, '확인' 버튼을 마우스로 클릭한다.

14. 오른쪽 하단부에 위치한 Orbit Downloader 프로그램의 아이콘 위에 마우스를 올려놓은 다음, 마우스 오른쪽 버튼을 클릭하면 다음과 같은 팝업메뉴가 나타난다. 상단부의 '메인 창 보임/숨김' 항목을 선택한다.

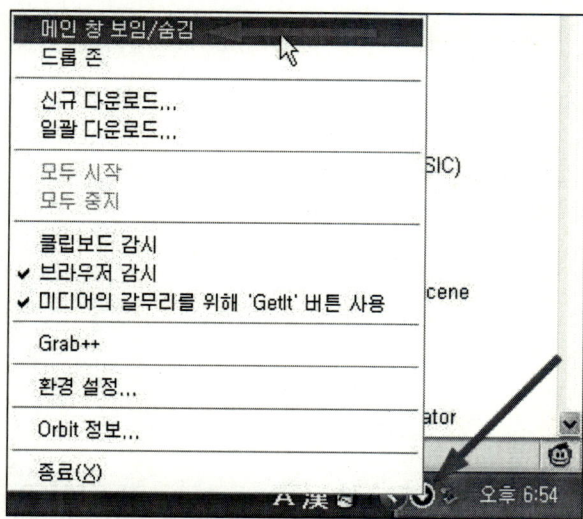

15. Orbit Downloader 프로그램의 메인 화면이 화면에 나타난다.
'속성 표시' 탭에서 '다운로드' 항목을 보면, 현재 다운된 분량
을 알 수 있다.

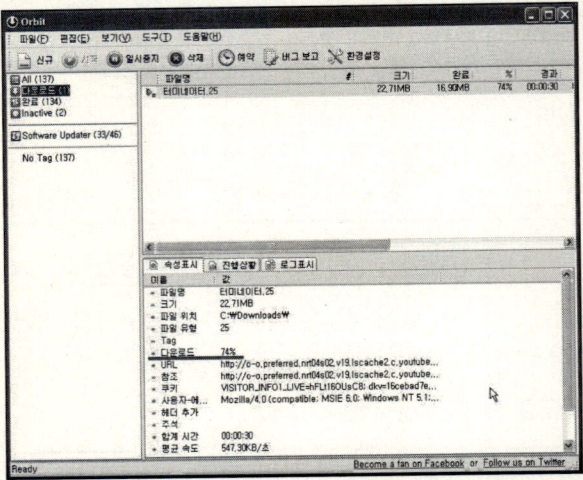

16. 다운로드가 완료되면, 오른쪽 하단부에 다음과 같은 대화박
스가 나타난다.

28

다운받기

17. C 드라이브의 Downloads 폴더 안에 '터미네이터.25'라는 파
   일이 다운된 것을 볼 수 있다.

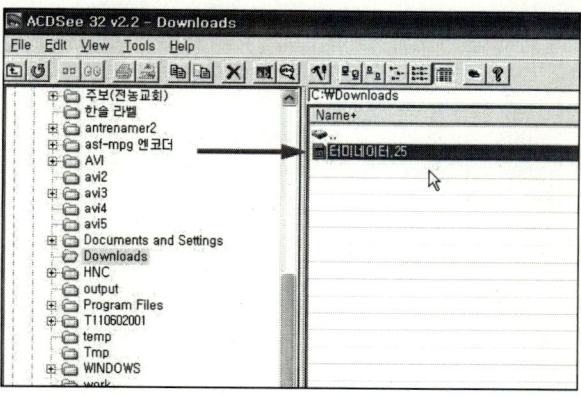

'윈도우 탐색기'를 이용하여
숨겨져 있는 파일의 확장자 나타내기

※ 윈도우 XP를 기준으로 설명되어 있으므로, 다른 윈도우 버전이 설치된
컴퓨터는 화면 구성이 조금 다르게 나타날 수 있다.

1. 윈도우 화면에서 왼쪽 하단부에 위치한 '시작' 버튼을 클릭하여 메뉴 화면이 나타나면, 마우스로 '프로그램 - 보조 프로그램 - Windows 탐색기'를 선택한다.

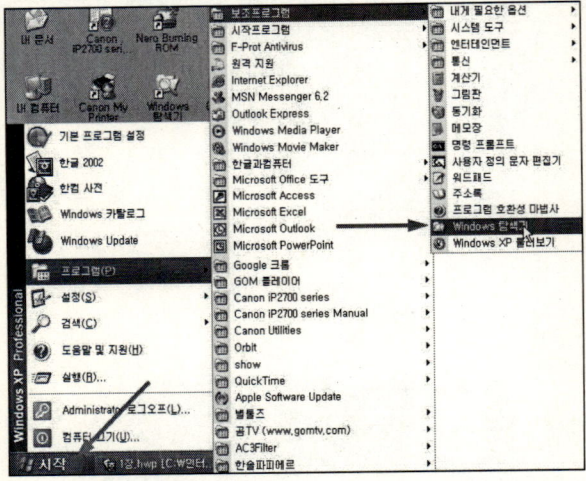

2. '윈도우 탐색기' 화면이 나타나면, 폴더 안의 동영상 파일에 확장자가 없는 것을 볼 수 있다.

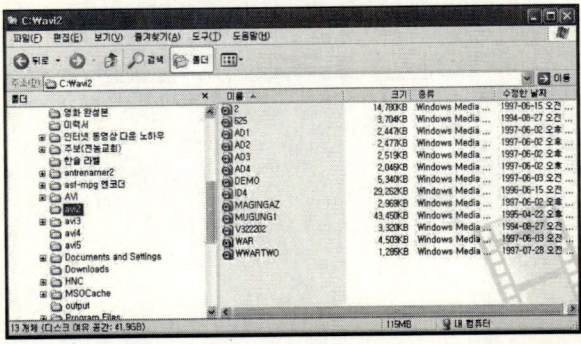

30

3. 윈도우 탐색기 상단부에 있는 '도구' 메뉴에서 '폴더 옵션'을 선택한다.

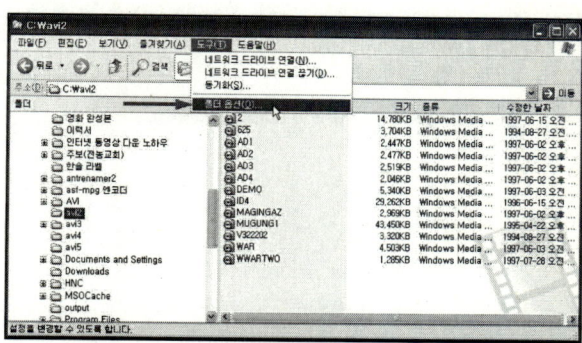

4. '폴더 옵션' 대화박스가 나타나면, 상단부의 '보기' 탭을 선택한다.

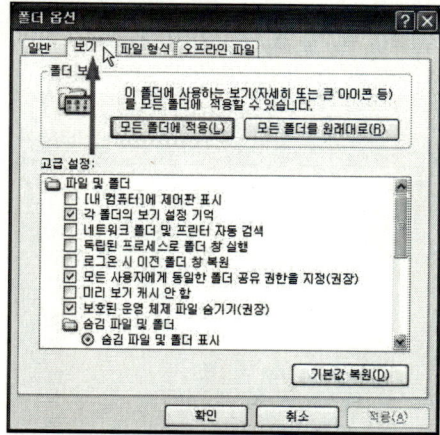

5. '고급 설정' 옵션에서 '알려진 파일 형식의 파일 확장명 숨기기' 항목이 체크가 되어 있는 것을 볼 수 있다. 체크되어 있는 항목을 체크 해제시킨다.

※ 유의 사항 : 체크를 하는 것이 아니라, 체크 해제를 시키는 것이다.

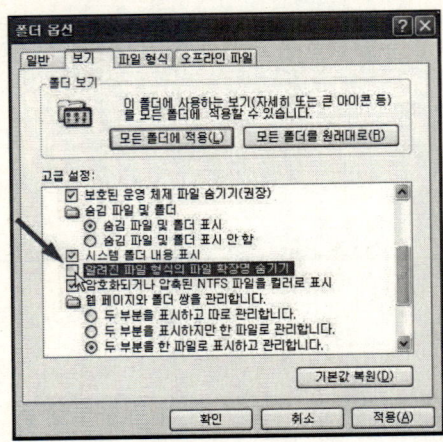

6. 하단부의 '확인' 버튼을 클릭하여, 대화박스를 빠져 나간다.

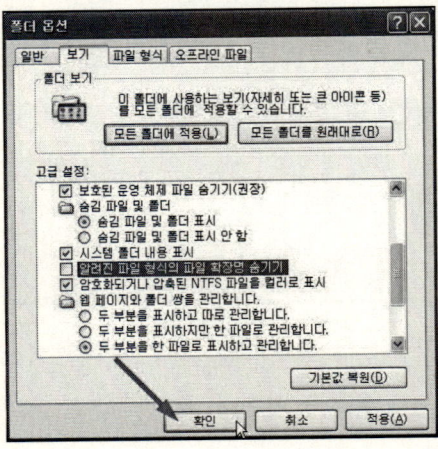

7. 다음과 같이, 폴더 안의 동영상 파일에 확장자가 나타난 것을 볼 수 있다.

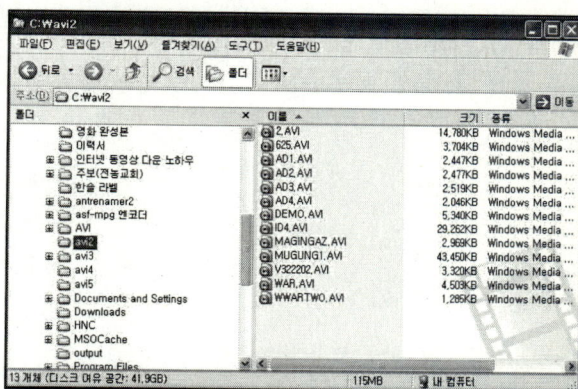

파일의 확장자(擴張字)

컴퓨터 파일의 종류를 구별하기 위하여, 파일명의 마침표 뒤에 붙이는 문자.

파일 확장자는 컴퓨터 파일의 이름에서 파일의 종류와 그 역할을 표시하기 위해 사용하는 부분이다. 많은 운영체제들은 파일 이름에서 마지막 점(.) 뒤에 나타나는 부분을 확장자로 인식한다.

예를 들어, readme.txt의 확장자는 txt이며, index.html의 확장자는 html이다. 도스 등의 운영체제에서는 확장자가 실제로는 파일 이름과 분리되어 있으며, 확장자를 실행 파일을 나타내는 등의 특수한 용도로 사용한다.

마이크로소프트 윈도우, 매킨토시 등의 여러 그래픽 사용자 인터페이스(GUI)에서는 파일 확장자를 단순히 종류를 나타내는 것뿐만이 아니라, 인터페이스 상에서 파일의 아이콘이나 그에 연관된 작업들을 결정하는 데 사용한다.

예를 들어서 특정한 파일을 열었을 때, txt 확장자는 텍스트 편집기를, htm이나 html 확장자는 웹 브라우저를, png/gif 등의 확장자는 그래픽 편집기를, doc/hwp 등의 확장자는 워드 프로세서를 실행하는 등의 동작을 지정할 수 있다.

2장

다음 팟인코더(Daum PotEncoder)를 이용한 동영상 포맷(형식) 변환하기

다음 팟인코더는 AVI, MPG, WMV 등 다양한 동영상을 다른 포맷으로 변환해주는 동영상 인코딩 프로그램이며, 휴대폰, MP3 플레이어 등 다양한 기기에 최적화된 인코딩도 할 수 있다.

주요 기능

동영상 인코딩 기능 :
특정 코덱의 영상을 다른 포맷으로 빠르게 변환할 수 있다.

용량별/분할 인코딩 지원 :
동영상 파일을 일정 크기에 맞춰 인코딩하거나, 하나의 파일을 원하는 숫자로 나눠서 인코딩할 수 있다.

간단 프리셋 지원 :
MP3 플레이어나 휴대폰부터 자동차 내비게이션까지 다양한 기기에 최적화된 인코딩을 지원하며, 간단한 프리셋 선택으로 손쉬운 인코딩을 할 수 있다.

오디오/자막 싱크 기능 :
동영상 속 음성이나 자막이 어긋나는 걸 보정해서 인코딩할 수 있다.

간단한 편집 지원 :
동영상 파일을 구간별로 잘라내거나, 오프닝/엔딩/텍스트 입력 등 편집 기능을 제공한다.

고용량 업로드 지원 :
100MB 이상의 고용량 파일을 TV팟, 카페, 블로그 등에 업로드할 수 있다.

다음 팟 인코더(Daum PotEncoder)를
다운받아 설치하기

1. 다음 사이트(www.daum.net)에서 검색란에 '다음 팟인코더'
   를 입력한 다음, '검색' 버튼을 클릭한다.

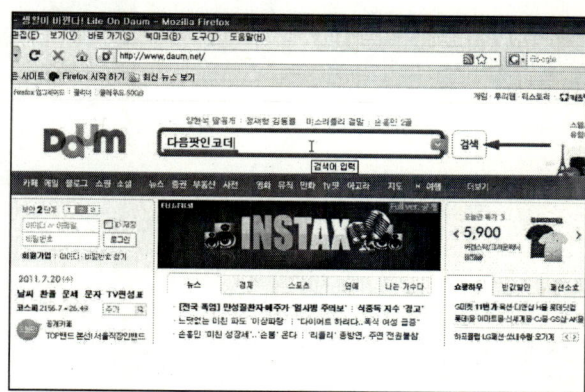

2. 다음과 같은 화면으로 이동하면, '바로가기' 버튼을 클릭한다.

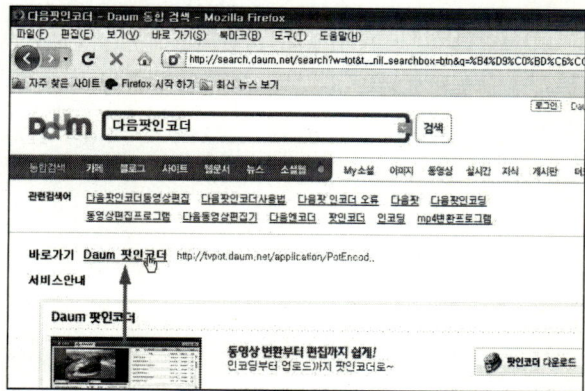

다운 & 설치

3. 팟인코더 화면에서 '팟인코더 다운로드' 버튼을 클릭한다.

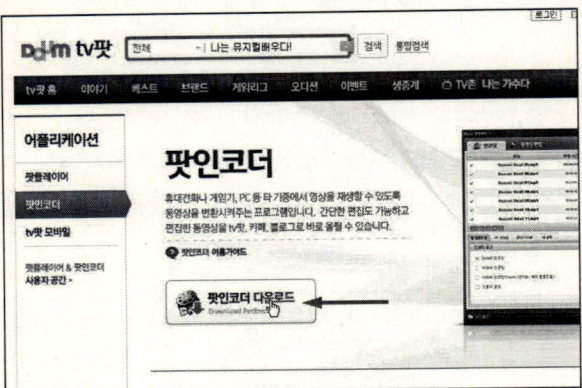

4. 다음과 같은 화면이 나타나면, '파일 저장' 버튼을 클릭한다.

5. '다른 이름으로 저장' 대화박스가 나타나면, 저장할 폴더를 지
정한 다음 '저장' 버튼을 클릭한다.

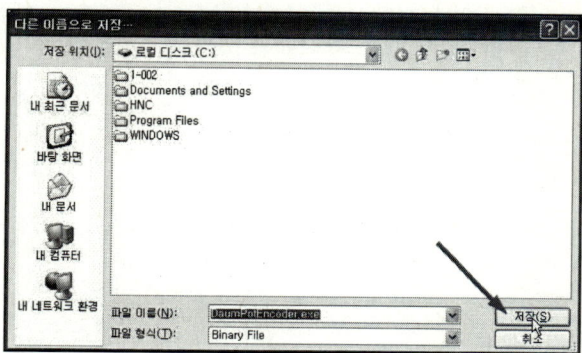

6. 컴퓨터에 다운된 DaumPotEncoder.exe 파일을 마우스로 두
번 클릭한다.

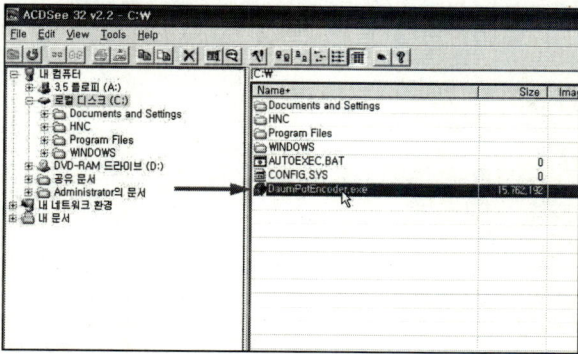

다운 & 설치

7. '파일 열기' 대화박스가 나타나면, 마우스로 '실행' 버튼을 클릭한다.

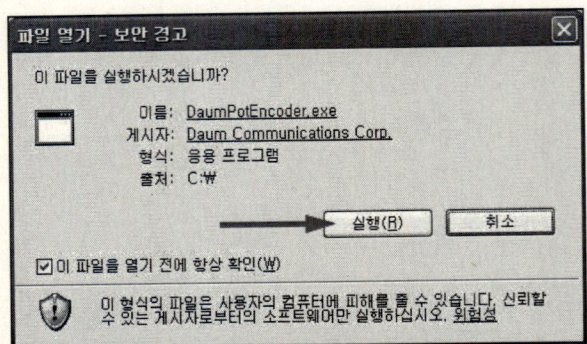

8. 'Daum 팟인코더 BETA 설치' 대화박스가 나타나면, 마우스로 '다음' 버튼을 클릭한다.

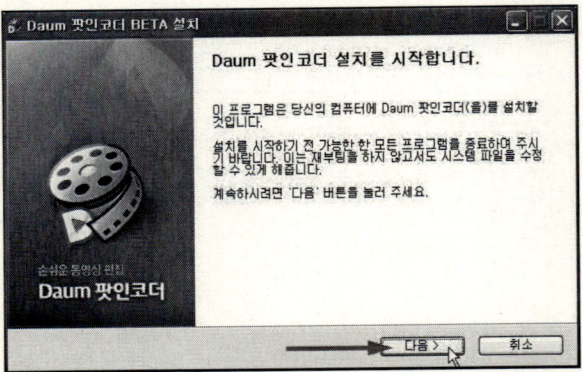

9. 다음과 같은 대화박스가 나타나면, 마우스로 '동의함' 버튼을
클릭한다.

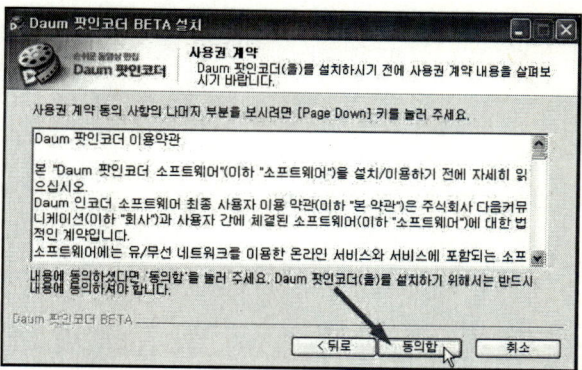

10. 다음과 같은 대화박스가 나타나면, '바탕화면에 바로가기 만
들기' 옵션만 체크한 상태에서 '다음' 버튼을 클릭한다.

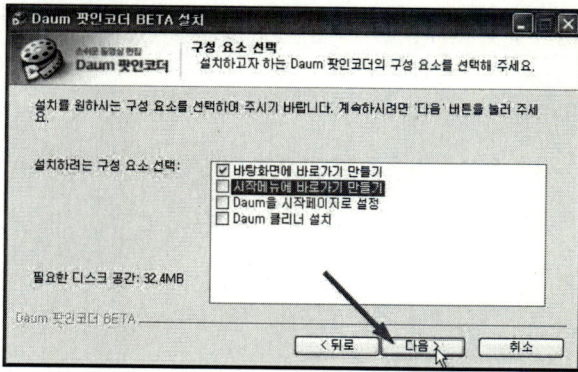

다운 & 설치

11. 다음과 같은 대화박스가 나타나면, 마우스로 '설치' 버튼을
    클릭한다.

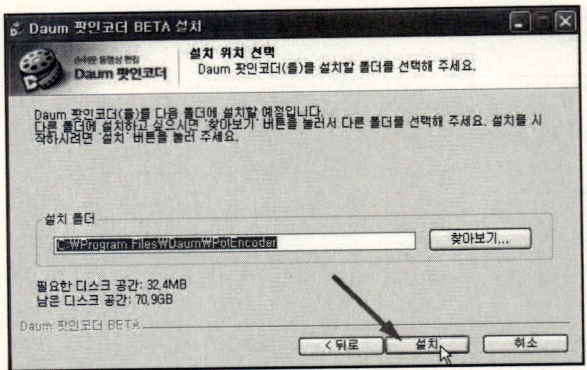

12. 다음 화면과 같이 프로그램이 설치되는 것을 볼 수 있다.

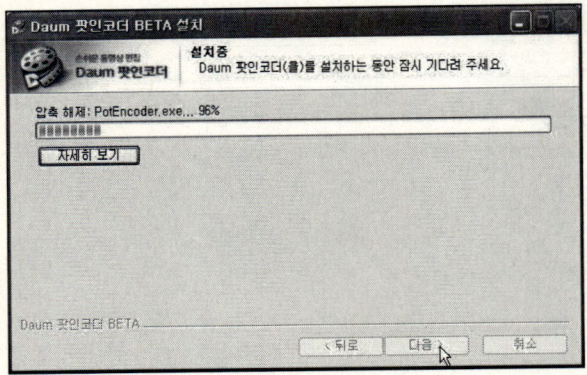

13. 다음과 같은 화면이 나타나면, 마우스로 '마침' 버튼을 클릭
    한다.

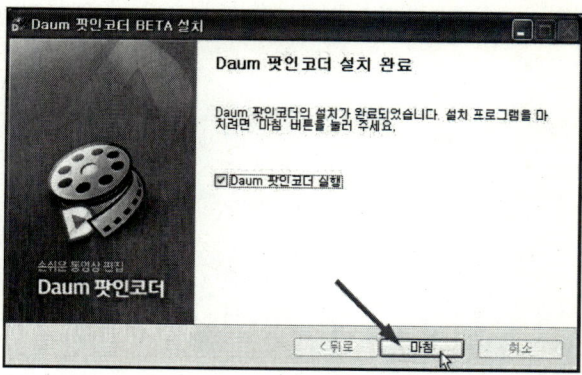

14. 다음과 같이, '다음 팟 인코더' 프로그램 화면이 실행된 것을
    볼 수 있다.

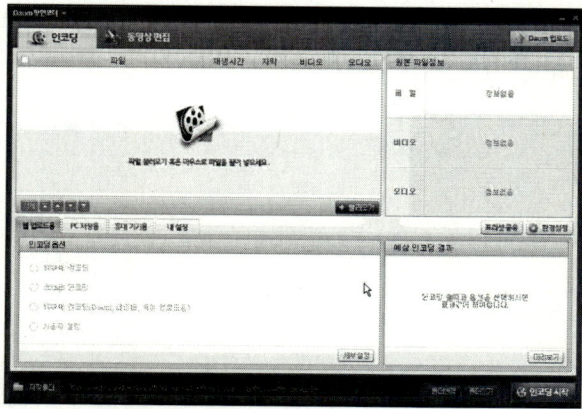

'다음 팟 인코더' 프로그램을 이용하여, 다른 포맷으로 동영상 인코딩하기

1. 바탕화면에 있는 '다음 팟 인코더' 아이콘을 마우스로 두 번 클릭한다.

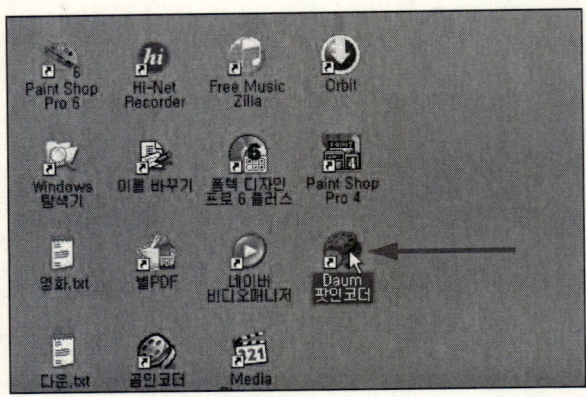

2. '다음 팟 인코더' 프로그램이 화면에 나타나면, 중간에 위치한 '불러오기' 버튼을 클릭한다.

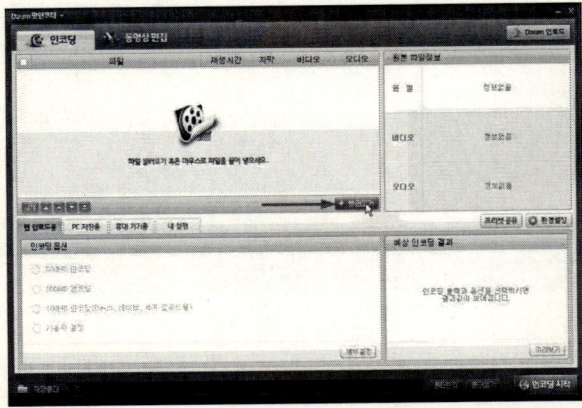

3. '파일 열기' 대화박스가 나타나면, C 드라이브의 Downloads
   폴더 안에 있는 '터미네이터.25' 파일을 선택한 다음 '열기' 버
   튼을 클릭한다.

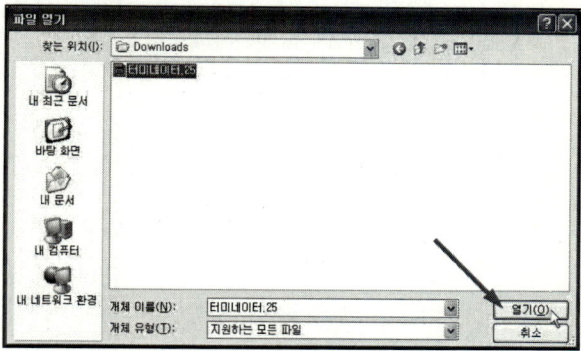

4. '터미네이터.25' 파일이 불러들여지면, 오른쪽에 있는 '환경 설
   정' 버튼을 클릭한다.

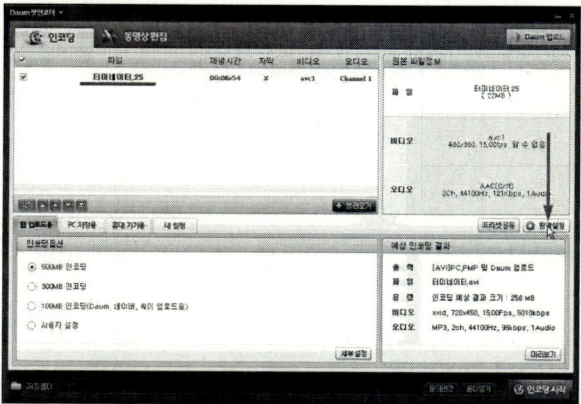

5. '환경 설정' 대화박스가 나타나면, '화면 크기' 옵션을 '원본 크
　기 사용'으로 설정한다.

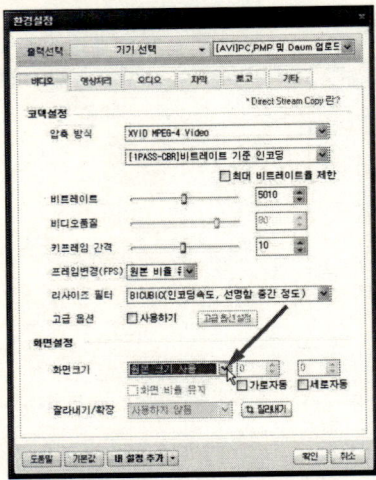

6. '리사이즈 필터' 옵션에서 '인코딩 속도'와 '화질 수준'을 설정
　한다.

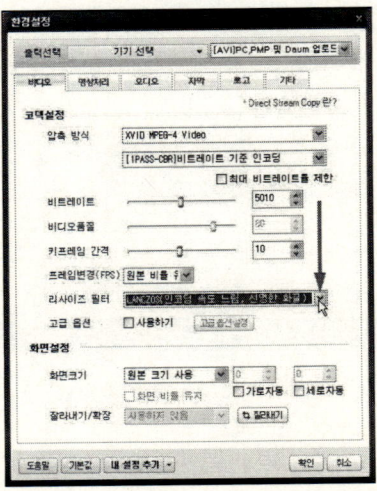

7. '환경 설정' 대화박스 상단부에 위치한 '영상 처리' 탭을 마우스로 클릭한다.

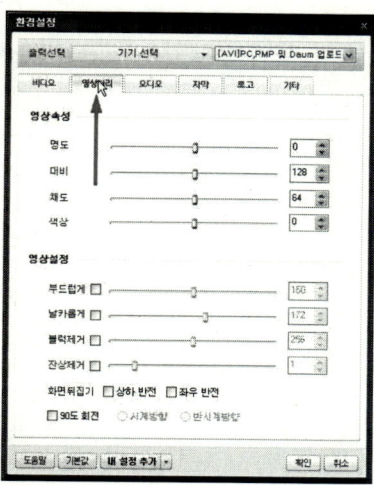

8. '영상 속성' 옵션과 '영상 설정' 옵션을 설정한 다음, '확인' 버튼을 마우스로 클릭한다.

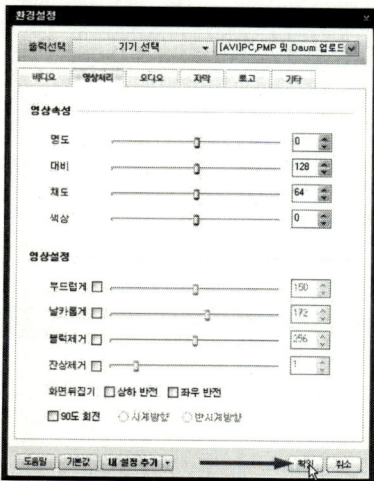

인코딩하기

9. 하단부에 위치한 '폴더 변경' 버튼을 클릭하여, 저장 폴더를 본인이 원하는 폴더로 설정한다.

※ 기본적으로 설정되어 있는 폴더는 사용자들이 찾아가기가 어려운 편이다.

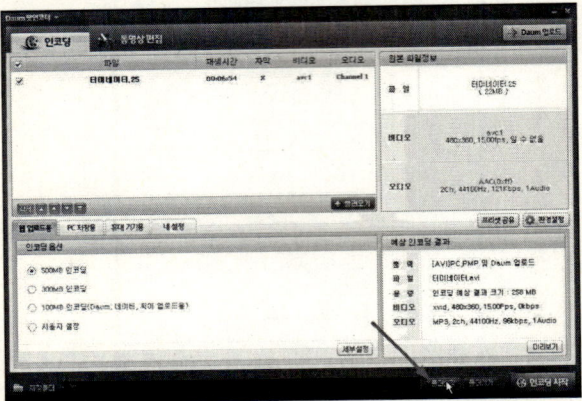

10. 설정이 모두 끝났으면, '인코딩 시작' 버튼을 클릭한다.

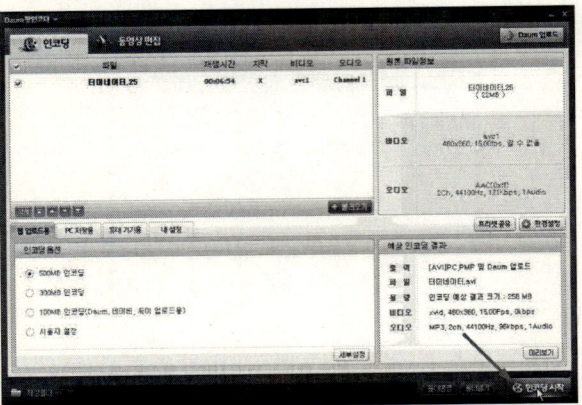

11. '인코딩' 대화박스가 나타나면서 인코딩이 되기 시작한다. 인
    코딩 작업이 되고 있는 동안에는 되도록 컴퓨터의 다른 작업
    은 하지 않는 것을 권장한다.

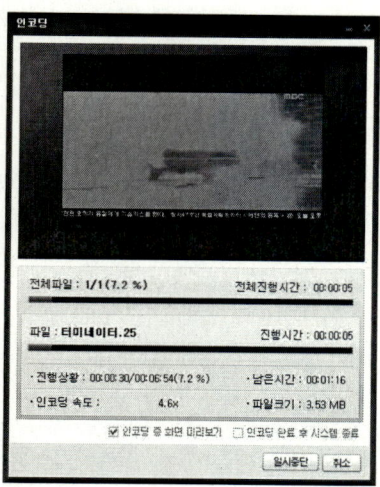

12. 인코딩이 모두 끝났으면, 다음과 같이 '알림' 대화박스가 나
    타난다. '닫기' 버튼을 클릭하여 대화박스를 빠져 나간다.

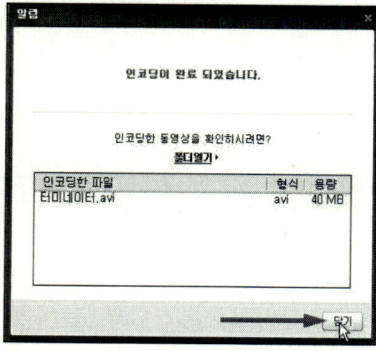

13. 본인이 지정한 폴더에 '터미네이터.avi' 파일이 새로 만들어진
    것을 볼 수 있다.

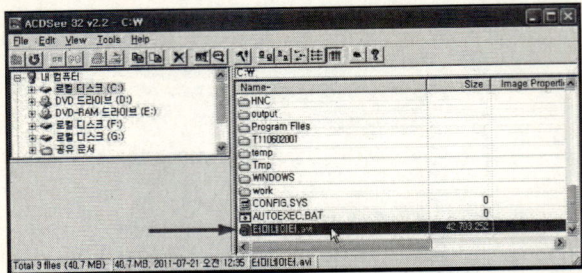

※ 네이버, 다음 사이트의 블로그에서는 동영상의 재생시간이 10분을 넘거나,
   용량이 100MB를 넘을 경우에는 업로드가 되지 않는다.
   그러므로 인코딩할 때 시간을 줄이거나, 아니면 용량을 100MB로 맞춰주
   어야 한다.

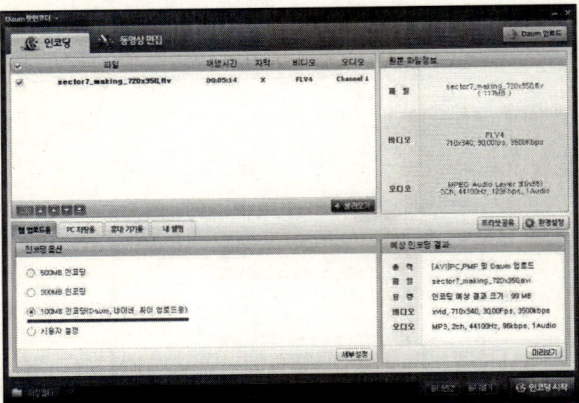

네이버 블로그에
변환된 동영상 올리기

1. 본인의 네이버 블로그로 이동한 다음, 아이디와 비밀번호를 입력하여 '로그인'을 실행한다. '로그인'이 완료되면, 왼쪽 메뉴에 '포스트 쓰기' 항목이 나타난다. 마우스로 '포스트 쓰기' 항목을 클릭한다.

2. 다음과 같은 화면이 나타나면, 왼쪽의 카테고리에서 본인이 지정한 카테고리를 선택한다.

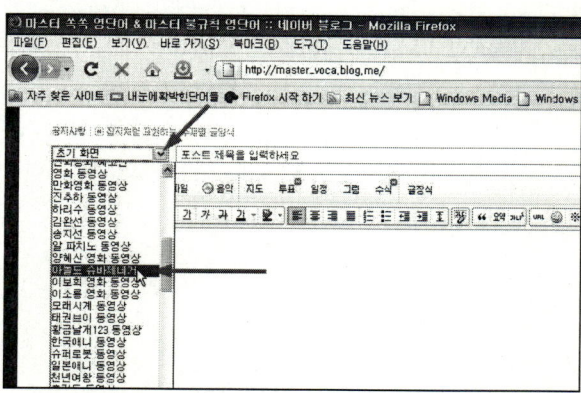

3. 제목 입력란에 '터미네이터2 예고편'을 입력한다.

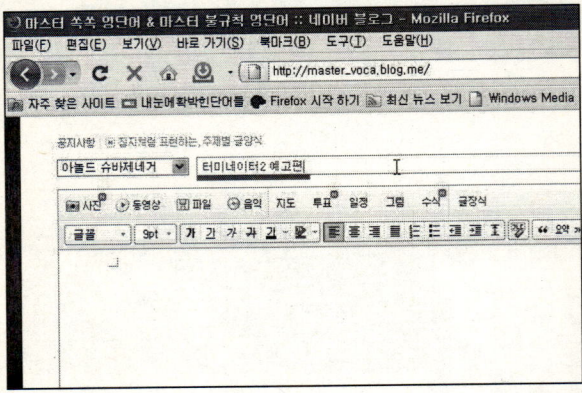

4. 카테고리 하단부에 위치한 '동영상' 버튼을 마우스로 클릭한다.

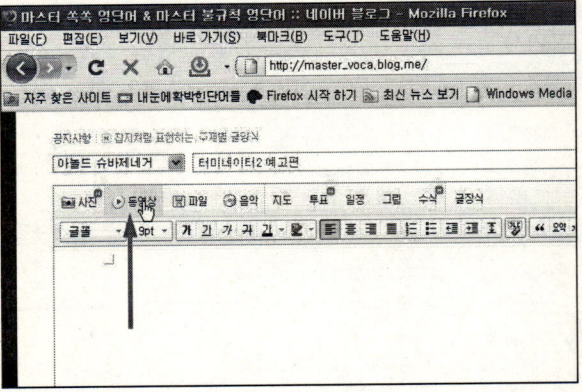

5. '블로그 업로더' 대화박스가 나타나면 '동영상 찾기' 버튼을 클릭한다. 하단부에 다음과 같은 팝업 메뉴가 나타난다. 마우스로 '내 컴퓨터에서'를 선택한다.

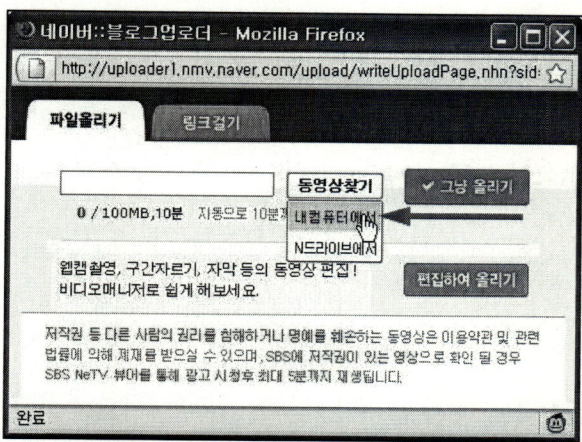

6. 다음과 같은 대화박스가 나타나면, 컴퓨터의 지정된 폴더에 있는 '터미네이터.avi' 파일을 선택한다.

※ 네이버 블로그는 *.flv, *.mp4, *.25 확장자를 가진 동영상 파일을 올리지 못하는 경우가 많으므로, '다음 팟인코더'나 '곰 인코더' 등으로 파일을 변환해 주어야 한다.

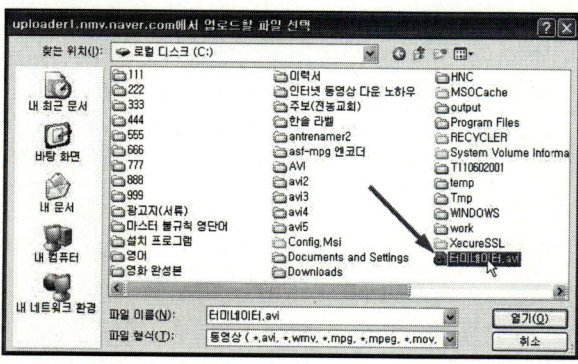

7. 마우스로 '열기' 버튼을 클릭하여, 대화박스를 빠져 나간다.

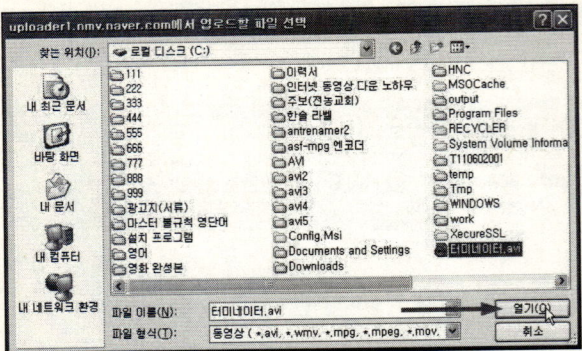

8. '블로그 업로더' 대화박스에서 '그냥 올리기' 버튼을 마우스로 클릭한다.

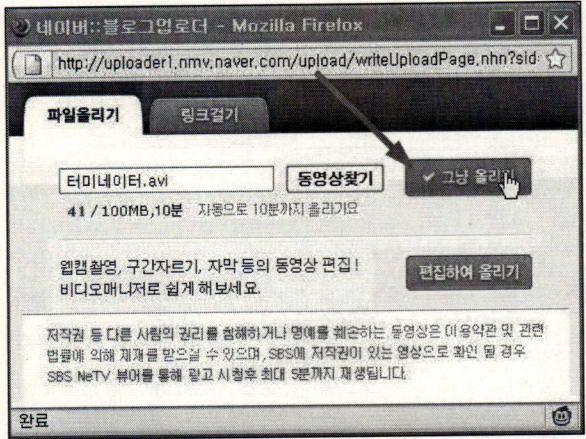

9. 다음과 같이 동영상이 업로드된다. 동영상이 업로드되고 있는 동안에는 되도록 다른 컴퓨터 작업을 하지 않는 것이 좋다.

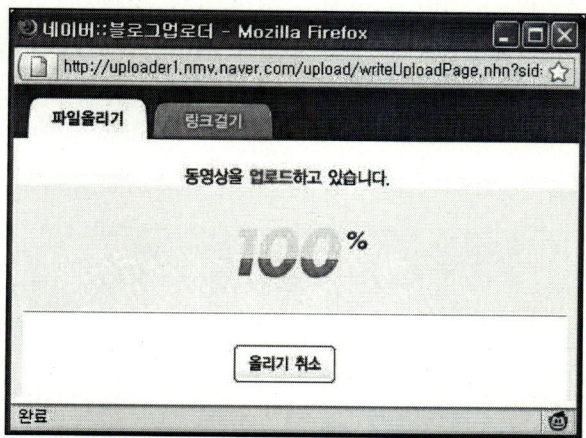

10. 동영상의 표지를 선택하라는 화면이 나타나면, 5개의 표지 화면 중에 하나를 마우스로 선택한다. 되도록 가장 밝고 선명한 화면을 고르는 것이 좋다.

11. 표지 화면을 고르고 나면, 하단부의 '올리기 완료' 버튼을 마우스로 클릭하여 대화박스를 빠져 나간다.

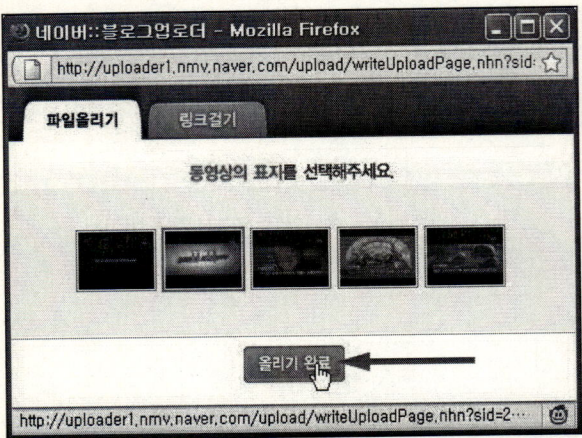

12. '포스트 쓰기' 화면에 다음과 같이 선택한 동영상이 삽입된 것을 볼 수 있다.

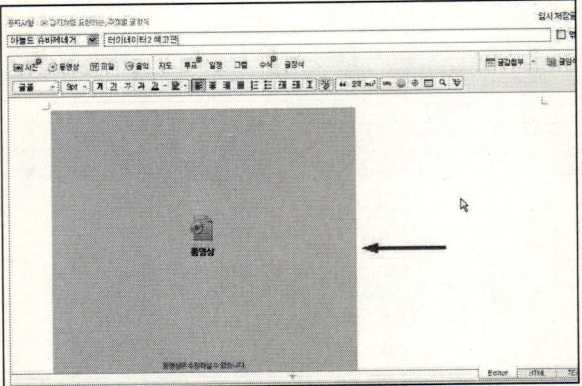

13. '포스트 쓰기' 화면의 하단부에 위치한 '확인' 버튼을 마우스로 클릭한다.

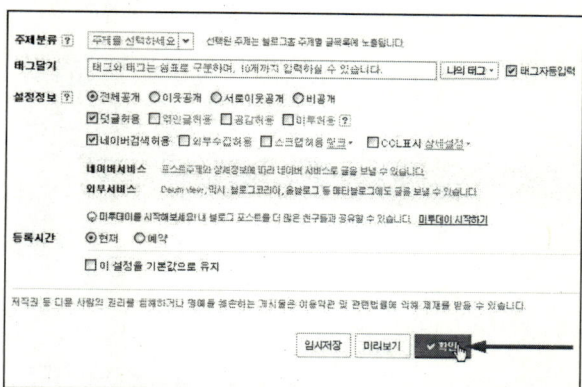

14. 업로드된 동영상이 인코딩되기 시작한다. 압축률이 높은 동영상 파일은 업로드된 상태라 하더라도, 인코딩 과정에서 실패하는 사례가 종종 있다.

15. 인코딩이 완료되고 나면, 다음과 같이 동영상 화면이 나타난
    다. 마우스로 하단부의 ▶ 버튼을 클릭하면, 동영상이 재생
    되는 것을 볼 수 있다.

네이버 블로그에도 용량제한이 있을까?

네이버 블로그는 홈페이지와 달리, 일체의 추가비용 없이 용량을 무제
한으로 사용할 수 있다.

1) 사진
 - 무제한 업로드 가능
 - 1장당 최대 10MB까지 등록가능
 - 1회에 50장 총 50MB까지 등록가능
 - 한 개의 포스트에 제한없이 등록가능
 - 사진의 용량 및 장수 제한없이 하루에 무제한 등록가능

2) 동영상
 - 무제한 업로드 가능
 - 1회에 최대 10분(또는 100MB)까지 등록가능
 - 1일 갯수에 제한없이 등록가능

'다음 팟 인코더'를 이용하여
동영상에서 오디오 파일 추출하기

1. '다음 팟 인코더' 프로그램의 중앙에 위치한 '불러오기' 버튼을
   마우스로 클릭한다.

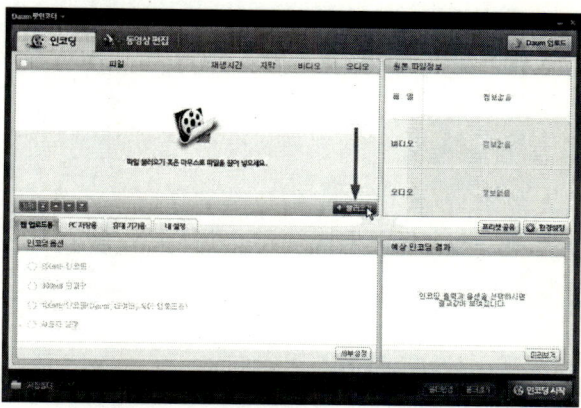

2. '파일 열기' 대화박스가 나타나면, 뮤직 비디오 파일(스르
   륵.mp4)를 선택한 다음 '열기' 버튼을 클릭한다.

※ 유투브(www.youtube.com) 사이트를 통해 '스르륵.mp4' 동영상을 다운받
   아 본다.

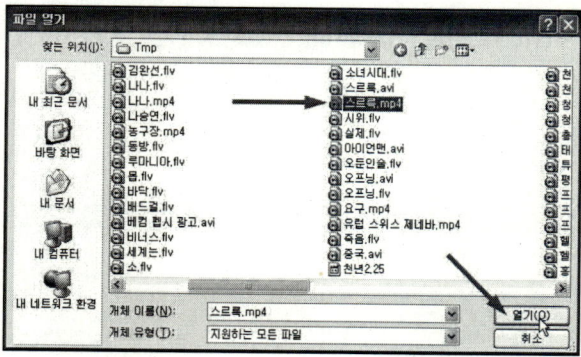

3. '다음 팟 인코더' 대화박스의 중간에 위치한 'PC 저장용' 탭을
마우스로 클릭한다.

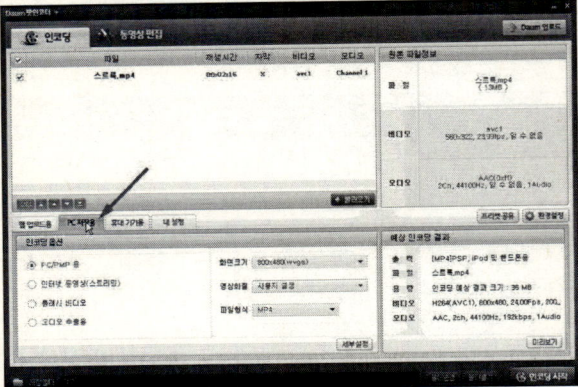

4. 'PC 저장용' 인코딩 옵션에서 '오디오 추출용' 항목을 마우스
로 체크한다.

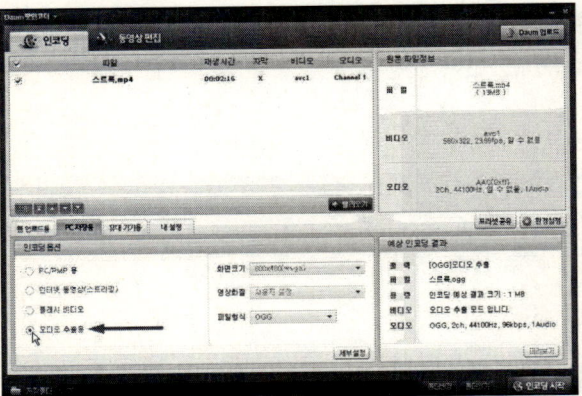

5. 오른쪽의 '파일 형식' 항목에서 MP3를 마우스로 선택한다.

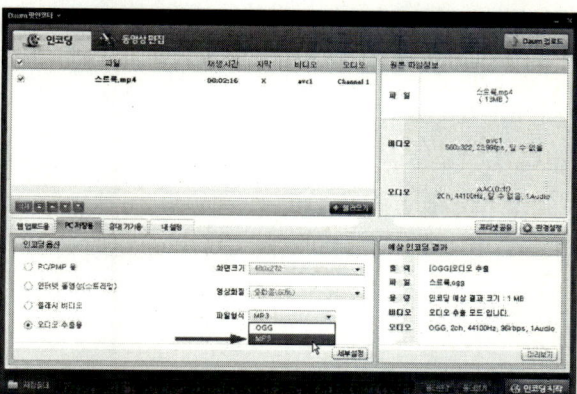

6. 하단부에 위치한 '세부 설정' 버튼을 마우스로 클릭한다.

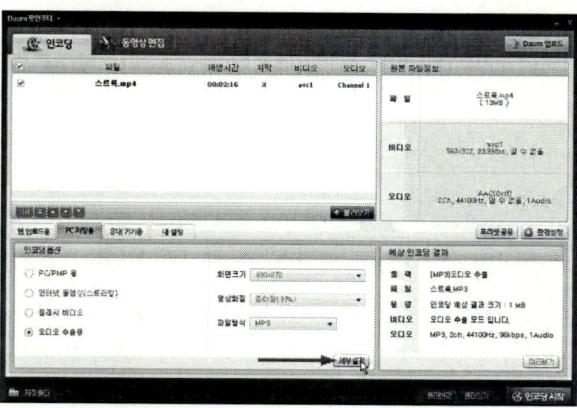

7. '환경 설정' 대화박스가 나타나면, 본인이 원하는 '코덱 설정'과 '이퀄라이저'를 지정한 다음, 하단부의 '확인' 버튼을 클릭한다.

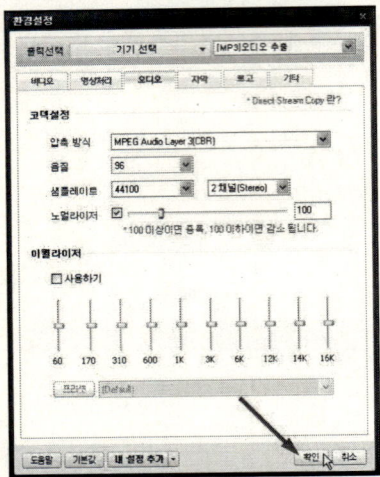

8. '다음 팟 인코더' 프로그램의 오른쪽 하단부에 위치한 '인코딩 시작' 버튼을 마우스로 클릭한다.

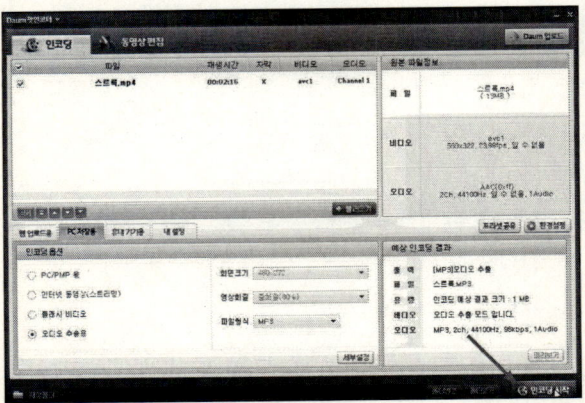

62

9. '인코딩' 대화박스가 화면에 나타나면서, 동영상이 오디오 파일로 인코딩되기 시작한다. 인코딩 작업 중에는 되도록 다른 컴퓨터 작업을 하지 않는 것이 좋다.

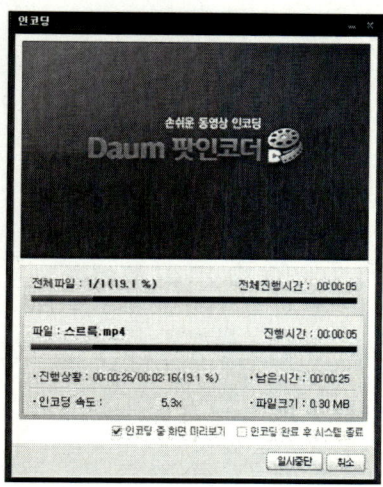

10. 인코딩이 완료되면, 다음과 같이 '알림' 대화박스가 화면에 나타난다. '닫기' 버튼을 클릭하여 대화박스를 빠져 나간다.

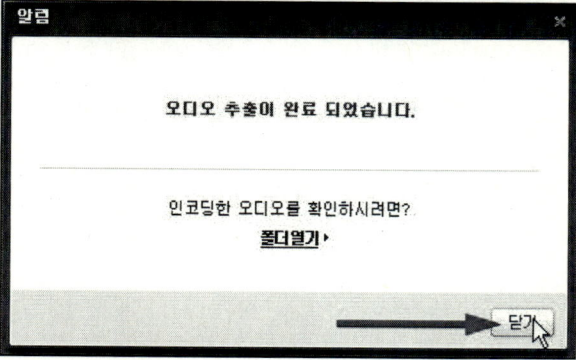

추출하기

11. 윈도우 미디어 플레이어 등의 프로그램을 이용하여, 만들어 진 '스르륵.mp3' 파일을 재생하여 본다.

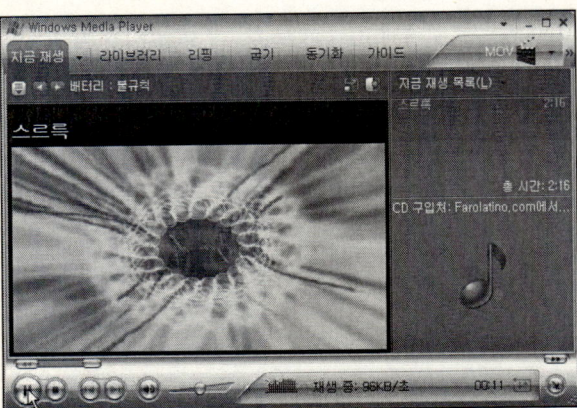

코덱(Codec)

'코덱'이란 영상이나 음성 등의 신호를 '펄스부호 변조(PCM)'를 사용하여 전송에 적합한 디지털 방식으로 변환하고, 역으로 수신측에서 '디지털 신호'를 '아날로그 신호'로 변환하는 기기나 장치를 말한다.

코덱은 COder(부호화) DECoder(부호번역화) 혹은COm-pression(압축) DECompression(해제)의 약자이며, 영상 또는 음성 등의 아날로그 신호를 디지털 방식으로 변환하는 '코더(Coder)'와 디지털 신호를 영상이나 음성으로 바꿔주는 '디코더(Decoder)'의 합성어이기도 하다.

코덱의 필요성

보통 영상물의 경우 1초에 30장의 프레임이 나타났다 사라지면서 잔상효과를 일으켜 움직이는 장면처럼 보이게 한다.

이때, 만일 프레임들이 BMP 포맷으로 되어 있다고 가정하면, 1장의 파일크기는 대략 1M 정도(640×480 기준)가 된다.

따라서 1초 동안의 영상을 저장하려고 하면 30M의 공간이 필요하다. 10분에 불과한 영상물이 18G 바이트의 용량을 가지게 된다는 말이다.

이럴 경우 영상을 압축하지 않고 그대로 처리하게 된다면, 저장공간 마련에 큰 어려움을 겪게 된다. 따라서 여러 영상 제조회사들은 독자적인 방식으로 화질 손상을 최소화 시키면서도 용량을 줄일 수 있는 압축방식, 즉 '코덱'을 개발하는 것이다.

이 코덱을 이용해 영상을 압축하는 작업을 통틀어서 '인코딩(Encoding)'이라고 한다.

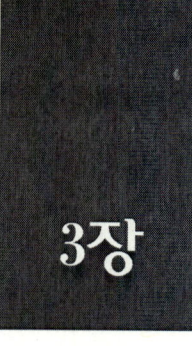

프리 뮤직 질라
(Free Music Zilla)를 이용한
동영상 다운받기

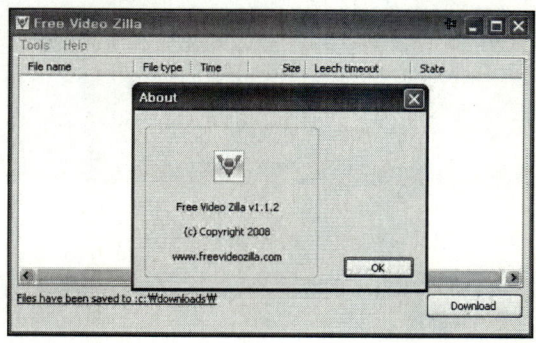

〈 Free Video Zilla 프로그램의 화면 〉

UCC 영상들을 다운로드해주는 프로그램은 많지만, 다운로드가 불가능한 판도라TV 영상을 다운받을 수 있는 프로그램은 그리 많지가 않다.

일단 판도라TV 동영상을 다운로드 받을 수 있는 프로그램은 free music zilla와 free video zilla가 있다.

둘 다 영상을 다운받을 수 있으며, 인터페이스와 사용법은 동일하다.

Free Music Zilla
프로그램 설치하기

1. 부록 사이트 'http://blog.daum.net/cinemart'의 '컴퓨터 자료' 메뉴를 클릭한다.

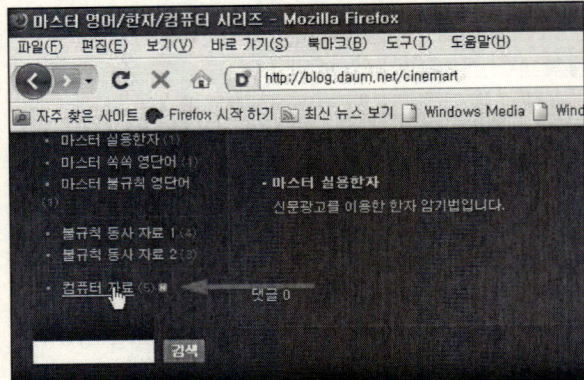

2. Free Music Zilla 항목을 마우스로 클릭한다.

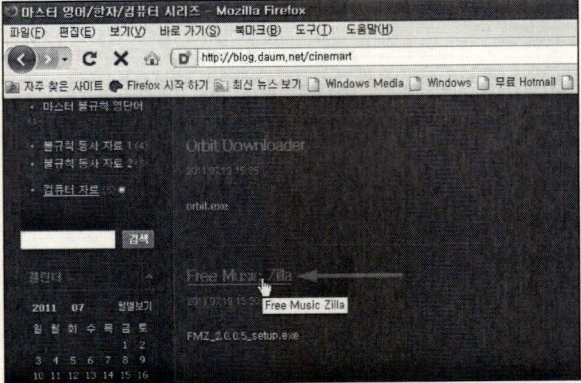

3. FMZ_2.0.0.5_setup.exe를 마우스로 클릭한다.

4. 다음과 같은 대화박스가 나타나면, '파일 저장' 버튼을 마우스로 클릭한다.

설치하기

5. '다른 이름으로 저장' 대화박스가 나타나면, '저장' 버튼을 클릭하여 파일을 다운받는다.

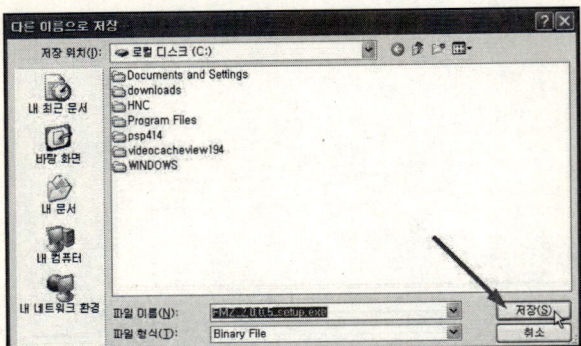

6. 다운받은 FMZ_2.0.0.5_setup.exe 파일을 마우스로 두 번 클릭한다.

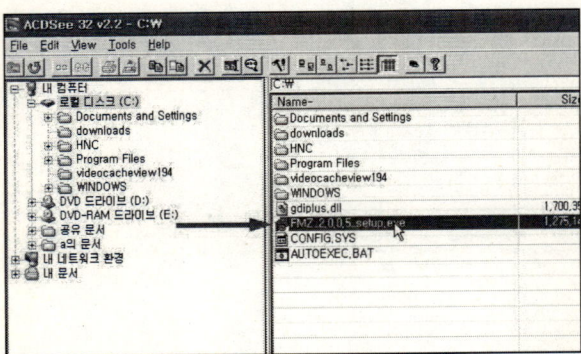

7. '파일 열기' 대화박스가 나타나면, '실행' 버튼을 마우스로 클릭
   한다.

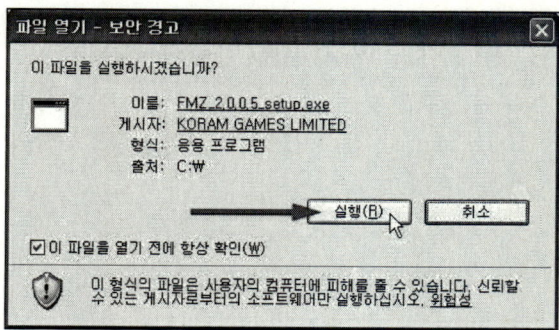

8. Setup 대화박스가 나타나면, Next 버튼을 마우스로 클릭
   한다.

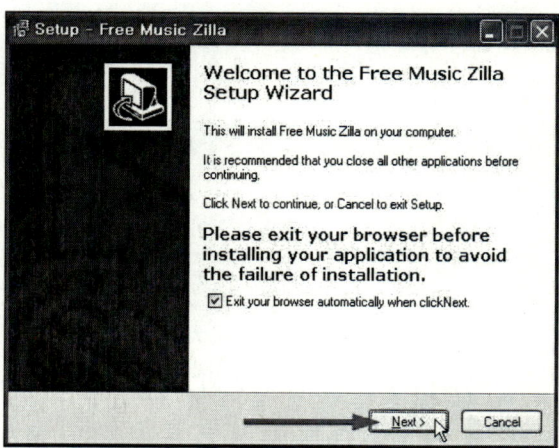

9. 다음과 같은 화면이 나타나면, 'I accept the agreement(나는 동의합니다)' 옵션을 체크한 다음, Next 버튼을 클릭한다.

※ 체크하지 않으면, 다음 화면으로 넘어갈 수 없다.

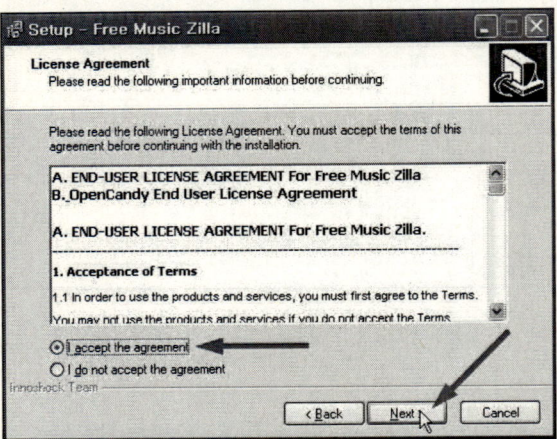

10. 다음과 같은 화면이 나타나면, Next 버튼을 클릭한다.

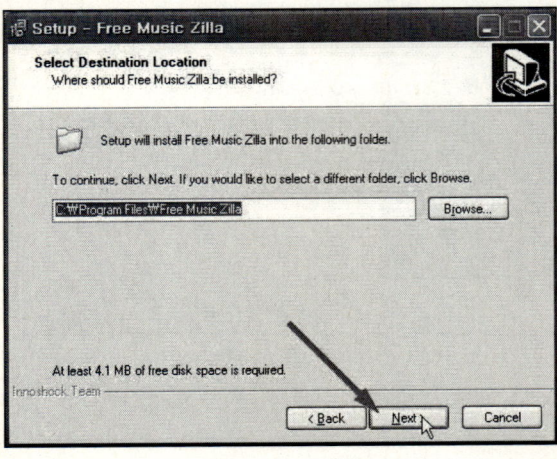

72

11. 다음과 같은 화면이 나타나면, Next 버튼을 클릭한다.

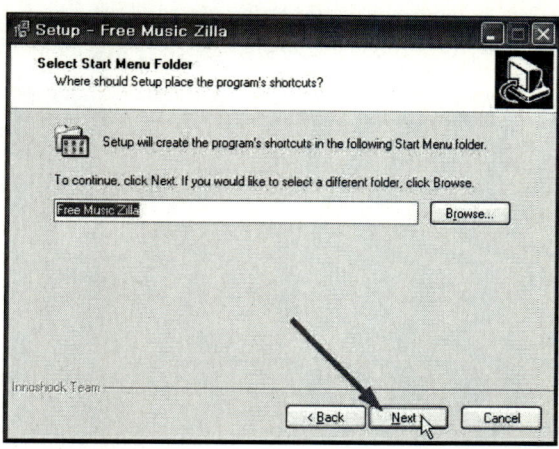

12. 다음과 같은 화면이 나타나면, Create desktop icon과 Firefox 옵션만 체크된 상태에서, Next 버튼을 클릭한다.

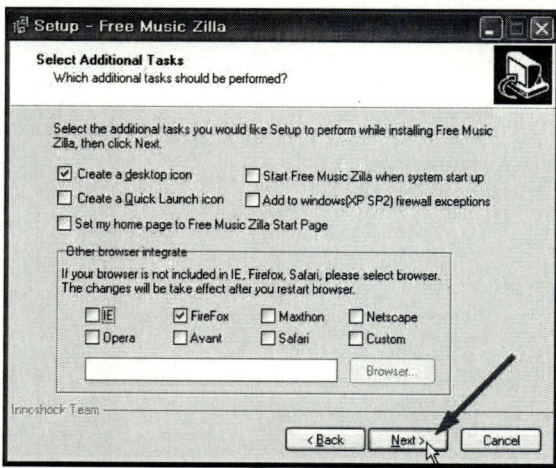

3장

13. 다음과 같은 화면이 나타나면, 'I do not want to install DriverScanner 2011' 옵션을 체크한다.

※ 이 옵션을 체크하지 않으면, 불필요한 프로그램이 설치된다.

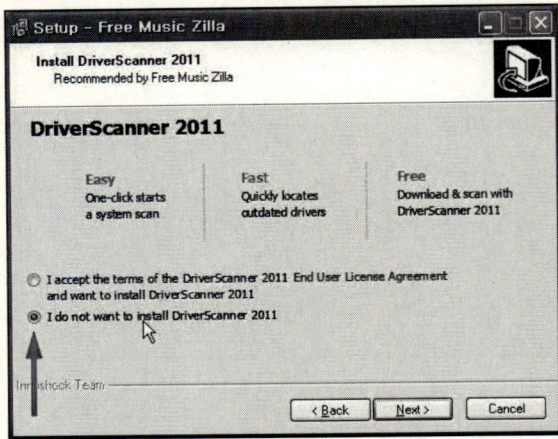

14. 하단부의 Next 버튼을 클릭한다.

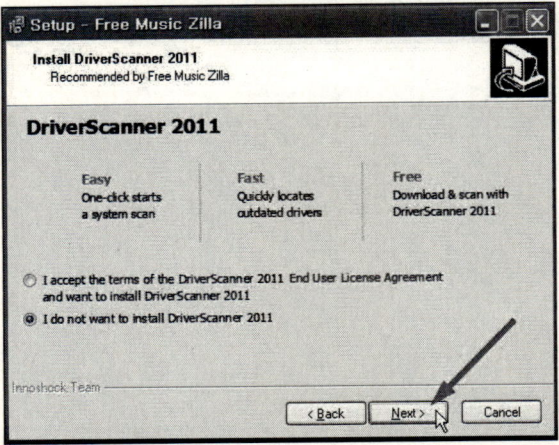

15. 다음과 같은 화면이 나타나면, 하단부의 Finish 버튼을 클릭
한다.

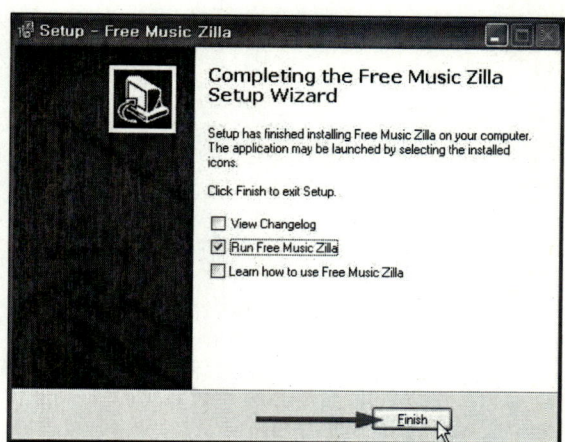

16. Free Music Zilla 프로그램의 오른쪽 상단부에 위치한 '⊠(닫
기)' 버튼을 마우스로 클릭한다.

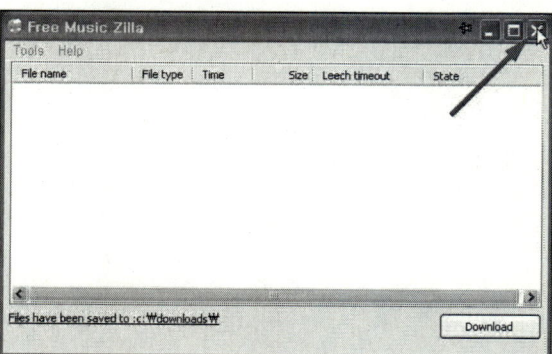

17. Dialog 대화박스가 나타나면, 마우스로 'Exit program' 옵션을 선택하고 'Don't prompt me next time(다음에 나타나지 않음)' 옵션을 체크한 다음, OK 버튼을 클릭하여 대화박스를 빠져 나간다.

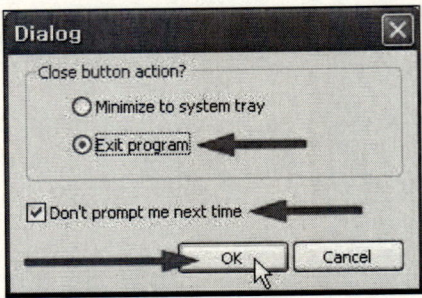

'다음(Daum)' 사이트에서
동영상 다운받기

1. 파이어폭스를 이용하여 다음 사이트(www.daum.net) 사이트를 연 다음, 검색란에 '댄싱 위드 더 스타 동영상'을 입력한다.

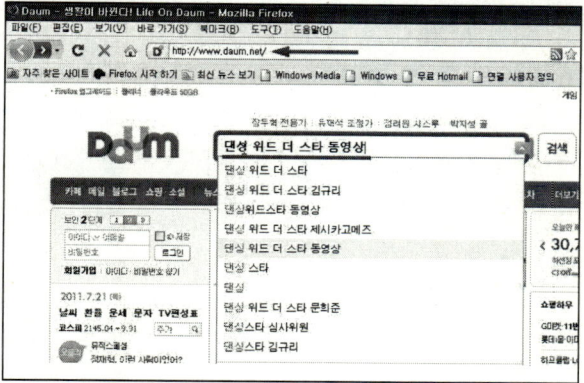

2. 검색란 오른쪽에 위치한 '검색' 버튼을 마우스로 클릭한다.

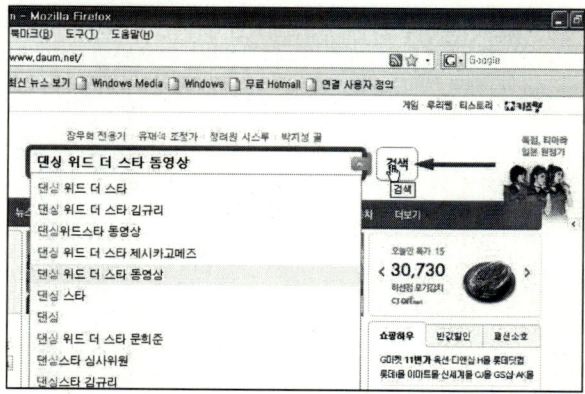

다운받기

3. 다음과 같이 동영상 화면이 나타난다. 오른쪽 상단부의 최소화 버튼을 클릭하여, 파이어폭스의 화면을 하단부에 위치시킨다.

4. 바탕화면에 위치한 Free Music Zilla 아이콘을 마우스로 두번 클릭하여 실행시킨다.

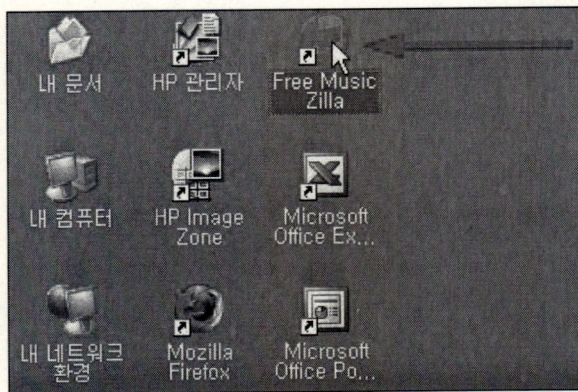

5. Free Music Zilla 프로그램이 나타나면, 오른쪽 상단부의 최소화 버튼을 클릭하여 Free Music Zilla 프로그램의 화면을 하단부에 위치시킨다.

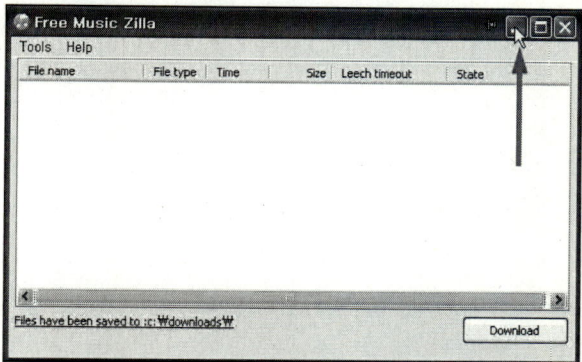

6. 파이어폭스의 화면을 다시 나타나게 한 다음, 왼쪽 첫 번째에 위치한 동영상을 마우스로 클릭한다.

79

7. 동영상 화면이 나타나면, ▶ 버튼을 클릭하여 동영상을 재
   생시킨다.

8. Free Music Zilla 프로그램의 화면을 다시 나타나게 한 다음,
   flv 동영상 목록이 나타나면 flv 파일의 이름을 마우스를 이용
   하여 한글 이름으로 변경시킨다. 나중에 동영상을 검색할 때
   빠르게 찾기 위해서이다.

   ※ 하지만 한글 이름으로 변경하고 나서 다운받을 때 문제가 생긴다면, 원래
   이름 그대로 다운받는 것이 좋다.

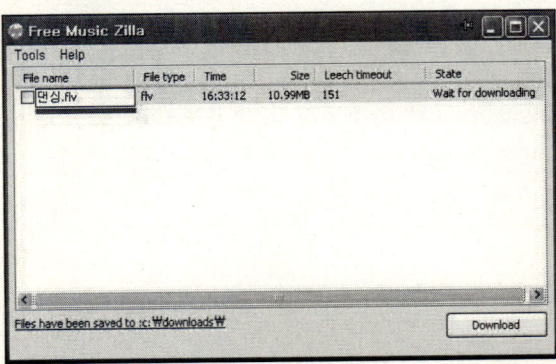

3장

9. '댄싱.flv' 파일 이름의 왼쪽에 위치한 체크박스를 마우스를 이용하여 체크한다.

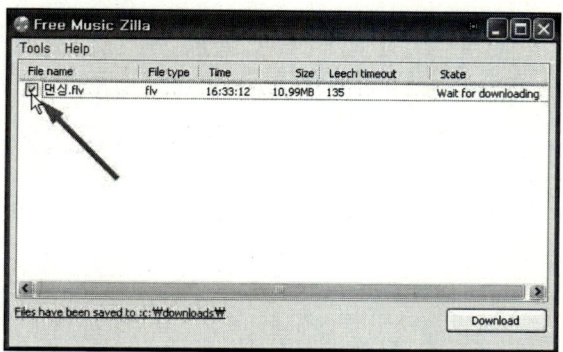

10. Free Music Zilla 프로그램의 오른쪽 하단부에 위치한 Download 버튼을 마우스로 클릭한다.

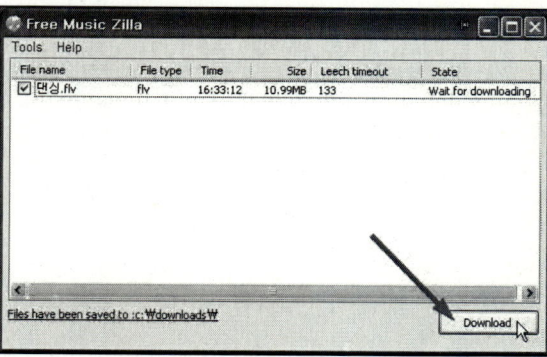

11. 다음 화면과 같이, 동영상이 다운되기 시작한다. 동영상이
    다운되고 있는 동안에는 다른 컴퓨터 작업을 하지 않는 것이
    좋다. 자칫 다운받는 동안에 오류를 일으키기 쉽다.

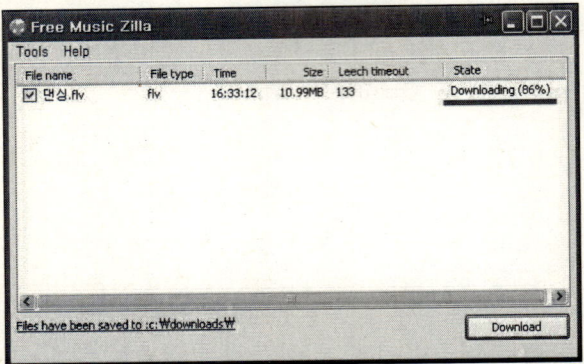

12. 다운이 완료되고 나면, State 상태항목에 'Completed(완료
    됨)'라고 나타난다.

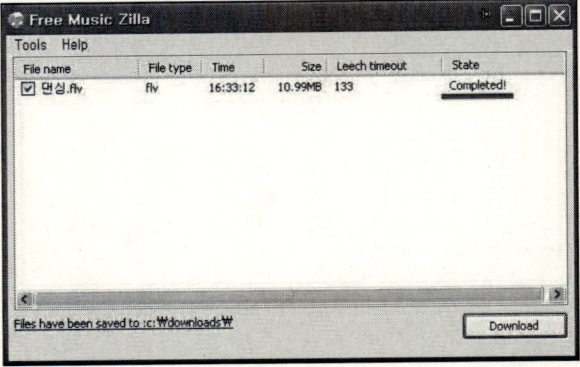

13. Free Music Zilla 프로그램의 하단부에 위치한 'c:₩ downloads₩' 텍스트를 마우스로 클릭한다.

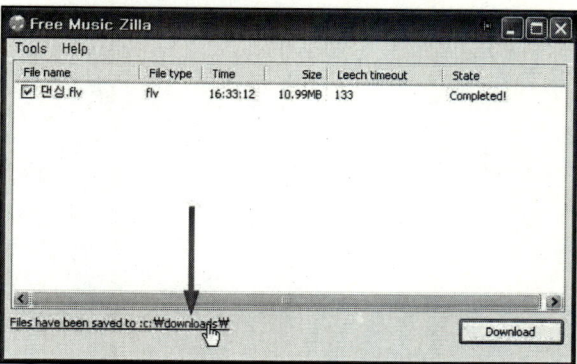

14. C 드라이브의 downloads 폴더 안에 '댄싱.flv' 파일이 다운 된 것을 볼 수 있다.

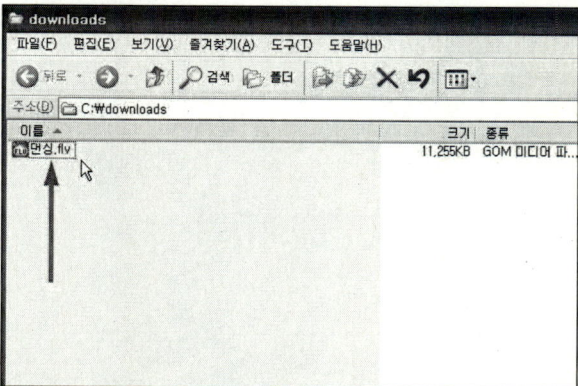

15. 곰 플레이어를 이용하여 다운된 '댄싱.flv' 파일을 재생하여 본다.

다운로드 폴더를
자신이 원하는 폴더로 변경하기

1. Free Music Zilla 프로그램에서 Tool 메뉴의 Preferences(선택 사항)를 마우스로 클릭한다.

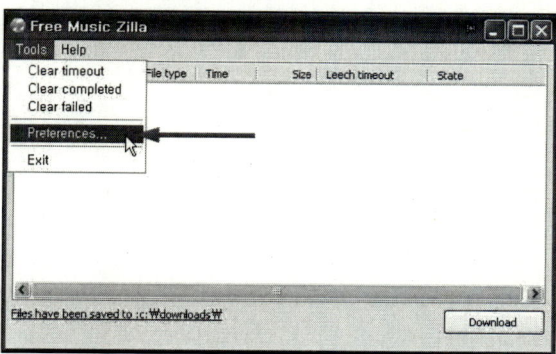

2. Preferences(선택 사항) 대화박스가 화면에 나타나면, General 탭에서 Browser 버튼을 마우스로 클릭한다.

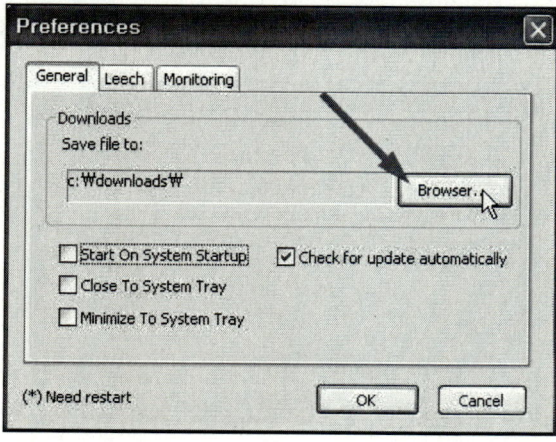

85

변경하기

3. '폴더 찾아보기' 대화박스가 화면에 나타나면, C 드라이브에서 111 폴더(본인이 다운받기를 원하는 폴더)를 마우스로 선택한 다음, 하단부의 '확인' 버튼을 클릭한다.

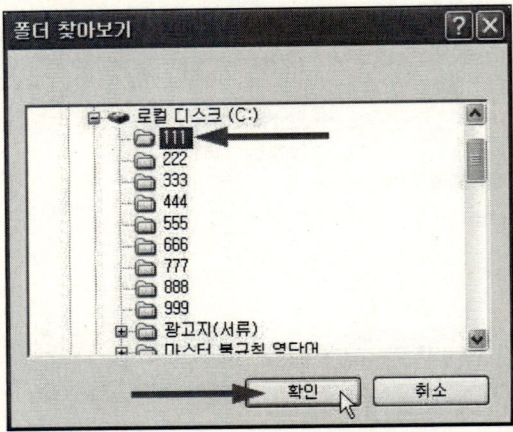

4. Preferences(선택 사항) 대화박스의 Downloads 항목을 보면 다운로드 폴더가 자신이 원하는 폴더로 변경된 것을 볼 수 있다. OK 버튼을 클릭하여, 대화박스를 빠져 나간다.

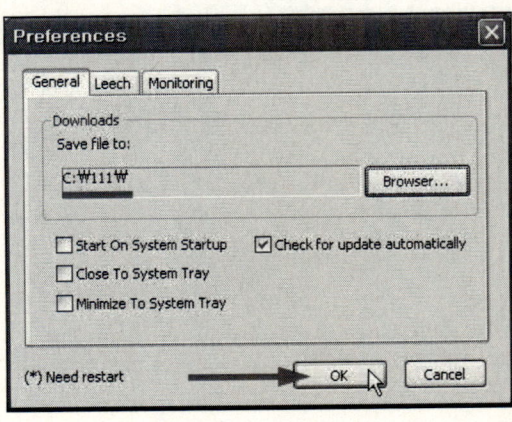

사운드 파일의 종류

▶ MP3

누구나 한 번 정도는 사용했을 정도로 널리 쓰이고 있는 오디오 파일의 확장자. MPEG-1의 오디오 규격으로 흔히 접할 수 있는 파일 형식이다.

파일의 일정 음역대를 삭제하는 방식으로 용량을 줄이는 손실 압축 방식으로 만들어진다. 때문에 압축률이 높아지면 음질이 떨어지는 것이 특징이다(즉, 같은 음악이더라도 파일의 용량이 클수록 음질이 좋다).

▶ WMA(Window Media Audio)

마이크로소프트에서 개발한 사운드 규격으로, 윈도우 비스타부터 윈도우의 기본 오디오 포맷으로 사용되기 시작했다.

음질 열화가 심한 편이지만, 용량이 작다는 장점 때문에 인터넷 스트리밍 서비스를 통해서 주로 사용된다.

▶ WAV(Waveform Audio Format)

마이크로소프트와 IBM의 표준 오디오 파일 형식으로, 윈도우 비스타 이전까지는 윈도우의 기본 오디오 포맷으로 사용됐다.

비압축 오디오 파일이기 때문에 음질의 열화가 없다는 것이 장점이지만, 용량이 크다는 단점이 있다. 표준 오디오 파일 형식이기 때문에, 대부분의 오디오 재생 프로그램에서 무리없이 사용할 수 있다.

▶ OGG

무료로 사용할 수 있는 파일 형식으로, 해당 코덱만 설치되어 있으면 어떤 플레이어에서도 이용할 수 있는 음악 파일이다.

OGG 코덱은 손실 압축방식과 비손실 압축방식이 사용되며, 이 중 비손실 압축방식이 최근 음악 포털에서 '원음파일'이라는 이름으로 서비스되고 있는 FLAC 파일 형식이다.

▶ FLAC(Free Lossless Audio Codec)

고음질 파일을 요구하는 수요가 늘어나면서 사용 빈도가 늘어나고 있는 오디오 파일 형식이다.

파일의 특정 음역대를 삭제하면서 파일을 압축하는 MP3와는 달리, 오디오 소스를 원본 그대로 보존하면서 최대 50%까지 용량을 줄일 수 있는 '무손실 압축 파일'이라는 것이 특징이다.

MP3에서 지원하는 태그, 앨범 아트, 탐색 등을 모두 지원하기 때문에 점차 사용 빈도가 늘어나고 있으며, 최근에는 이를 지원하는 MP3 플레이어도 증가하고 있다.

하지만 과거에 출시된 제품 또는 최근에 출시된 특정 제품에서는 지원하지 않는 경우가 많으므로, 디바이스의 지원 파일 형식을 확인할 필요가 있다.

UCC 다바다를
이용한 동영상 다운받기

▲ UCC(User Created Contents)

인터넷 사업자나 콘텐츠 공급자가 아닌,

일반 사용자들이 직접 만들어 유통하는 콘텐츠

1. 'UCC 다바다' 프로그램의 중앙 상단부에 위치한 '대하여' 버튼을 클릭하면, 다음과 같이 'UCC 다바다 정보' 대화박스가 나타난다.

2. 하단부의 '블로그에서 최신버전 받기' 버튼을 클릭하면, 다음과 같이 '고독한 프로그래머의 블로그(http://shkam.tistory.com)'의 사이트로 이동한다. 이 사이트에서 'UCC 다바다' 프로그램의 최신 버전을 받을 수 있다.

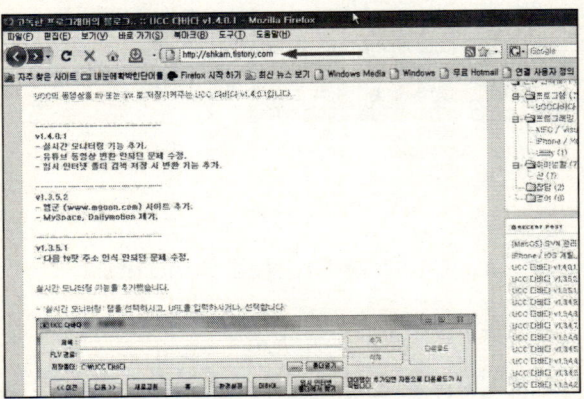

'UCC 다바다'
프로그램 설치하기

4장

1. 부록 사이트(http://blog.daum.net/cinemart)의 왼쪽 하단부에 위치한 '컴퓨터 자료' 메뉴를 마우스로 클릭한다.

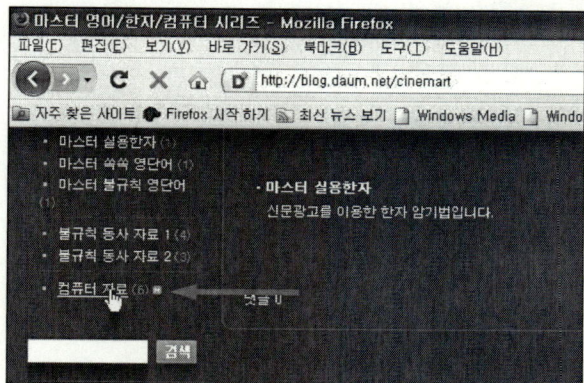

2. 'UCC 다바다' 항목의 UCCDabadaSetup_v1.4.0.1.exe를 마우스로 클릭한다.

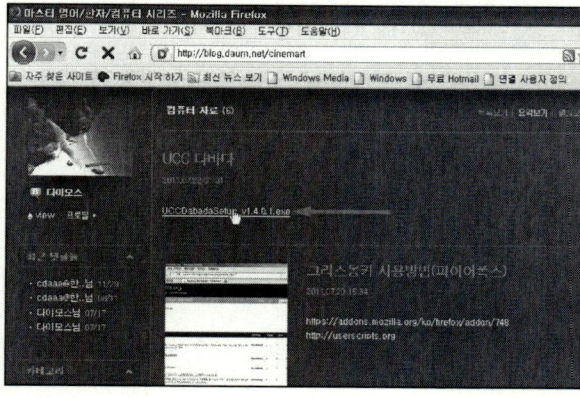

4장

3. 다시 UCCDabadaSetup_v1.4.0.1.exe를 마우스로 클릭한다.

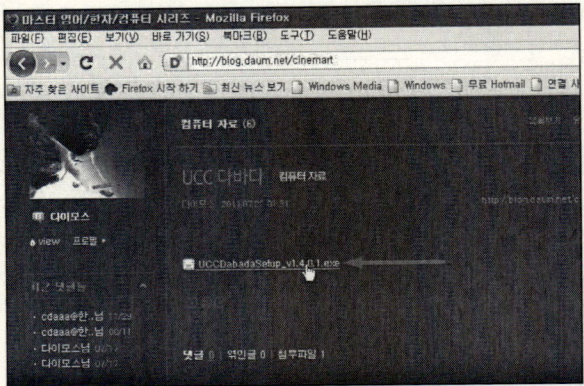

4. 다음과 같은 대화박스가 나타나면, '파일 저장' 버튼을 마우스로 클릭한다.

4장

5. '다른 이름으로 저장' 대화박스가 나타나면, 본인이 원하는 폴더를 선택한 다음 '저장' 버튼을 마우스로 클릭한다.

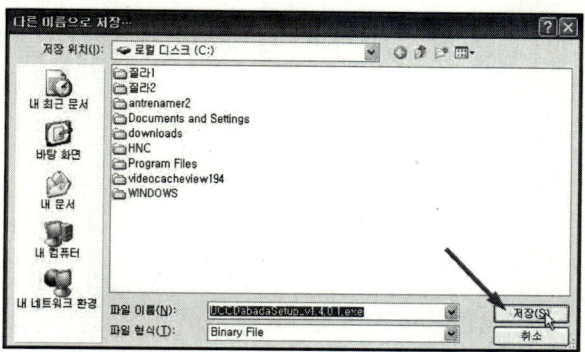

6. UCCDabadaSetup_v1.4.0.1.exe 파일이 컴퓨터에 다운되면, 마우스로 두 번 클릭한다.

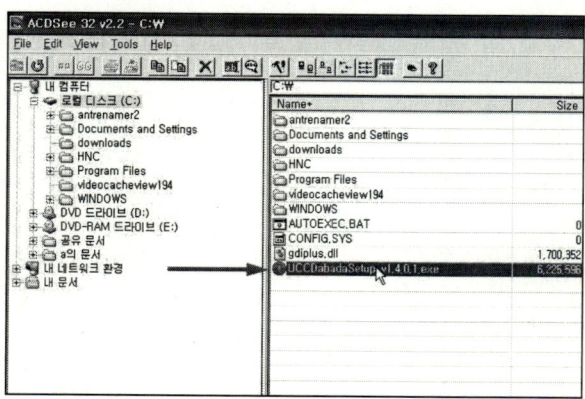

4장

7. '파일 열기' 대화박스가 화면에 나타나면, 마우스로 '실행' 버튼
을 클릭한다.

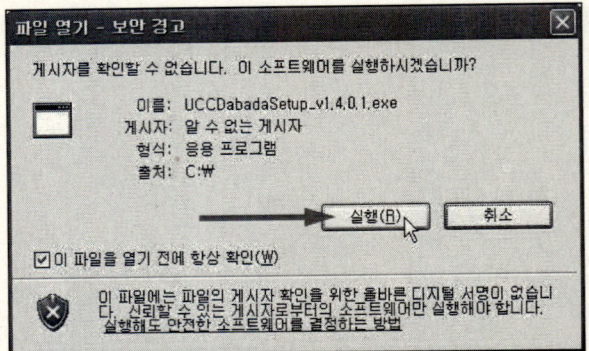

8. 'UCC 다바다 설치' 대화박스가 나타나면, 하단부의 '다음' 버
튼을 마우스로 클릭한다.

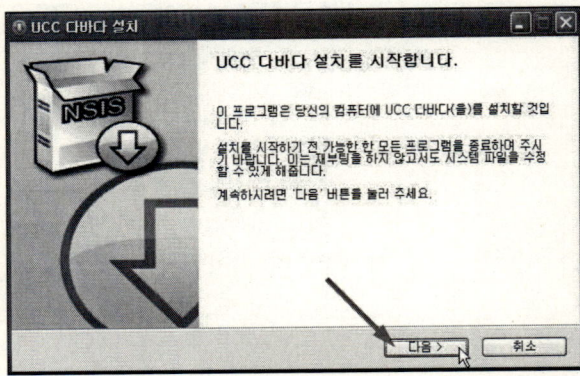

9. 다음과 같은 화면이 나타나면, 하단부의 '동의함' 버튼을 마우스로 클릭한다.

4장

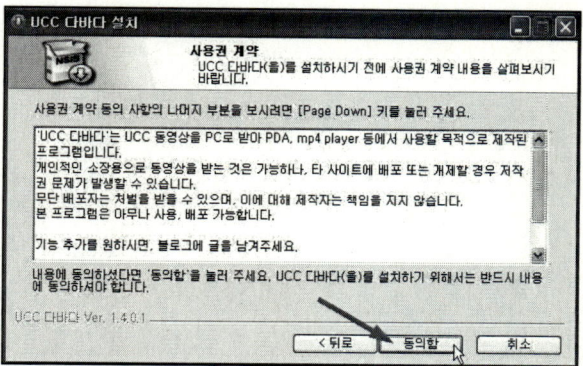

10. 다음과 같은 화면이 나타나면, 하단부의 '설치' 버튼을 마우스로 클릭한다. '설치 폴더'는 그대로 두는 것을 권장한다.

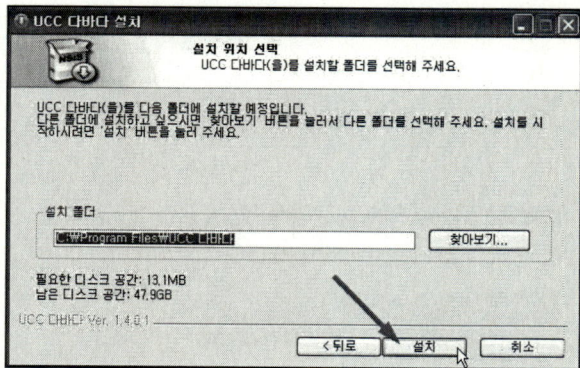

11. 설치가 완료되고 나면, 다음과 같은 화면이 나타난다. '마침' 버튼을 클릭하여 대화박스를 빠져 나간다.

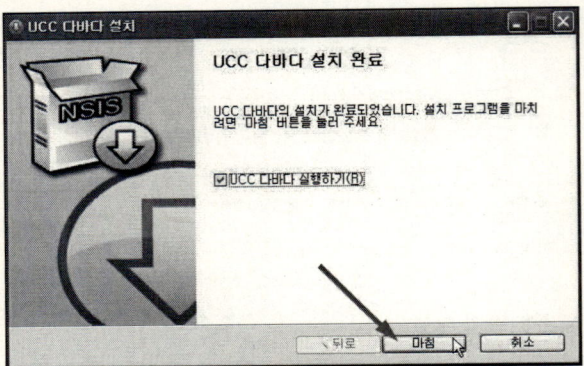

12. 다음과 같이, 'UCC 다바다' 프로그램이 실행되는 것을 볼 수 있다.

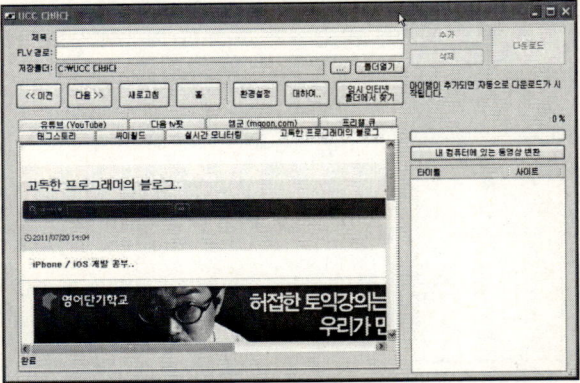

'UCC 다바다' 프로그램을 이용하여, '다음 사이트'의 동영상 다운받기

1. 바탕화면에 있는 'UCC 다바다' 아이콘을 마우스로 두 번 클릭한다.

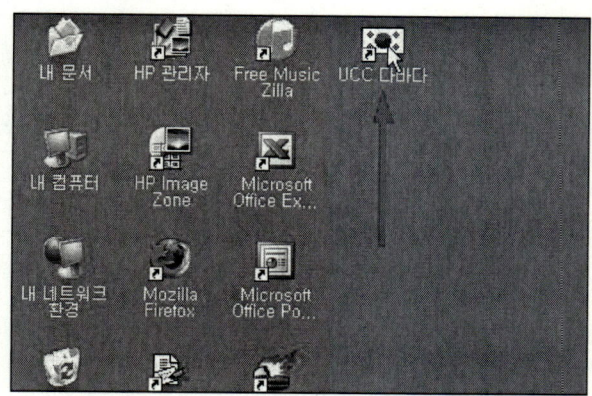

2. 'UCC 다바다' 프로그램이 실행되면, 먼저 중앙에 상단부에 위치한 '환경설정' 버튼을 마우스로 클릭한다.

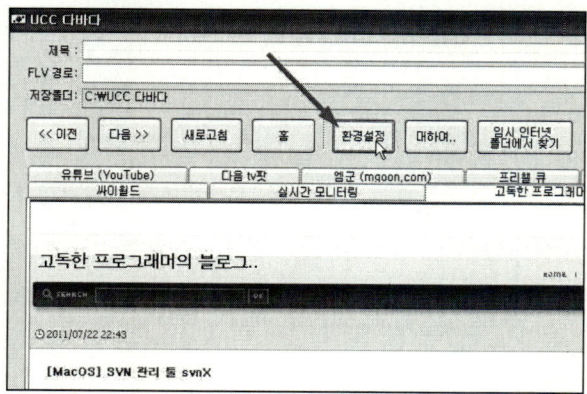

97

3. '환경설정' 대화박스가 화면에 나타나면, '동영상 환경설정' 항
   목에서 'FLV로 다운로드(flv)' 옵션을 마우스로 체크한다.

※ 이렇게 설정해 놓지 않으면, 'UCC 다바다' 프로그램은 동영상 파일 다운 직
후에 자동적으로 avi 파일로 변환된다. 문제는 동영상이 화면비율이 맞지
않는 상태로 변환될 뿐 아니라, 변환속도 또한 매우 느리기 때문에 변환작
업이 필요할 때에는 'UCC 다바다' 프로그램보다는 '다음 팟인코더' 프로그
램 사용을 권장한다.

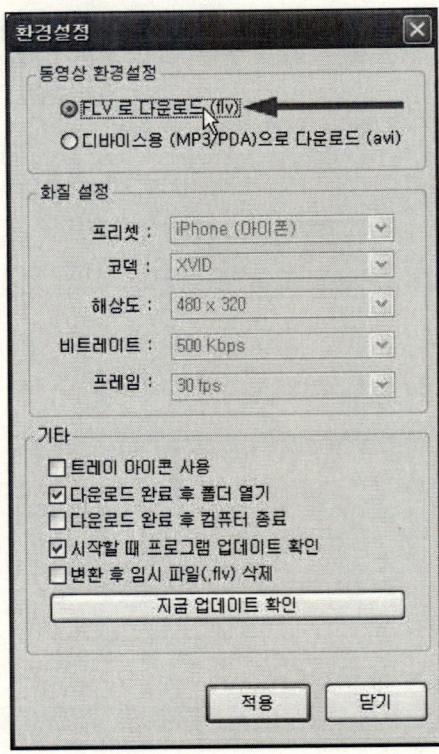

4. ‘환경설정’ 대화박스의 하단부에 위치한 ‘적용’ 버튼을 마우스
   로 클릭하여, 대화박스를 빠져 나간다.

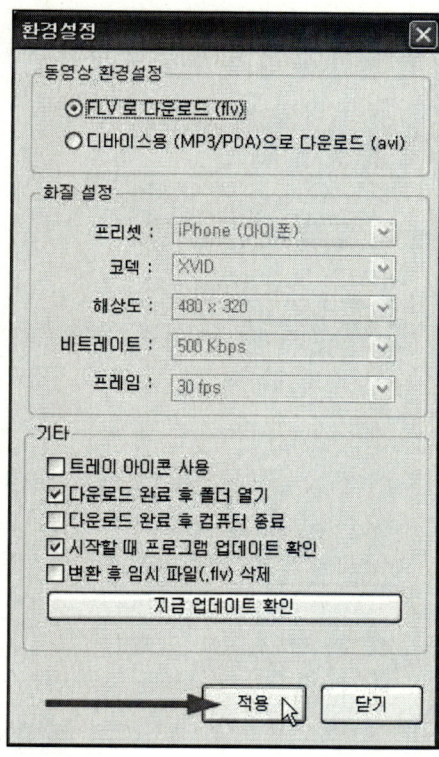

4장

5. 이번에는 다음 사이트(www.daum.net)의 동영상을 다운받아 본다. 프로그램의 중앙에 위치한 '다음 tv팟' 탭을 마우스로 클릭한다.

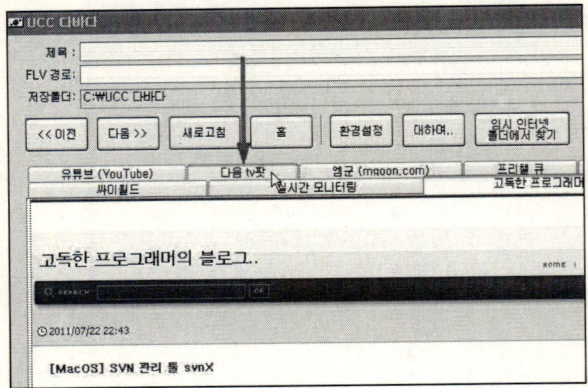

6. 맨 왼쪽에 위치한 '탈밴드 - 솔아 솔아'를 마우스로 클릭한다.

※ 다음 사이트의 동영상은 수시로 위치가 바뀔 수 있으므로, 동일한 동영상이 없을 경우에는 다른 동영상으로 대체하여 실습한다.

7. '솔아 솔아' 동영상이 화면에 나타나면, 왼쪽 하단부에 위치한
⟨ ▶ ⟩ 버튼을 마우스로 클릭하여 동영상을 재생시킨다.

8. 동영상이 재생되고 있는 동안에, 'UCC 다바다' 프로그램의 오
른쪽 상단부에 위치한 '추가' 버튼을 마우스로 클릭한다.

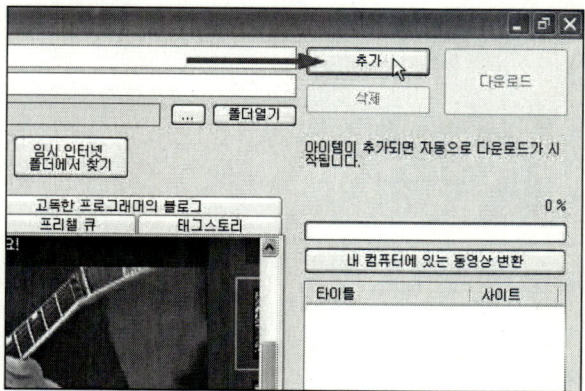

101

4장

9. 오른쪽 중앙 부분에 'FlV 다운로드 중…'이라는 텍스트가 나타나며, 동영상이 다운되기 시작한다.

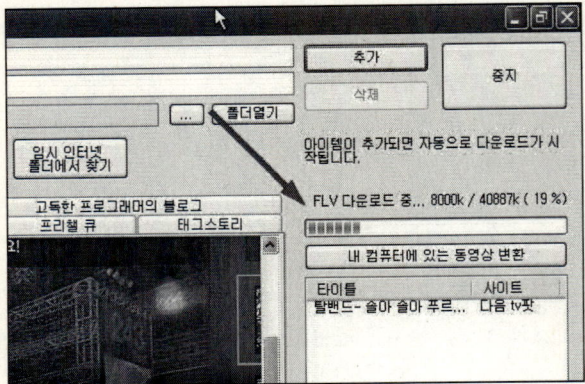

10. 다운이 완료되고 나면, C드라이브의 'UCC 다바다' 폴더에 동영상이 다운된 것을 볼 수 있다.

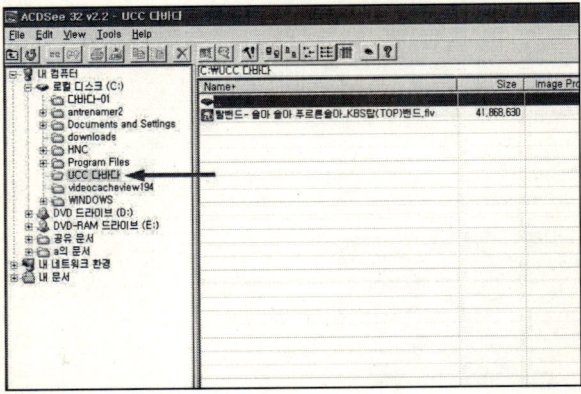

11. 동영상이 제대로 다운되었는지를 알아보기 위해, '곰 플레이 어' 등을 통해 다운된 동영상을 재생하여 본다.

'실시간 모니터링'을 이용하여 특정 사이트의 동영상 다운받기

1. 네이버나 다음 사이트 등 포털 사이트에서 '판도라TV'라고 검색란에 입력한 다음, Enter 키를 치면 다음과 같은 화면이 나타난다. '판도라TV'를 마우스로 클릭한다.

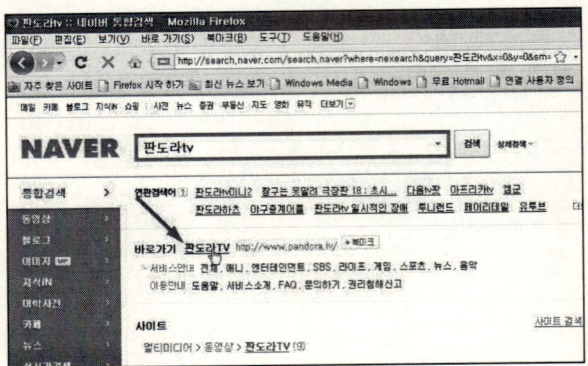

2. '판도라TV' 사이트로 이동하면, 화면 중앙에 위치한 동영상을 마우스로 클릭한다.

※ 책에 있는 화면과 틀리게 나올 때에는 다른 동영상을 예제로 사용하면 된다.

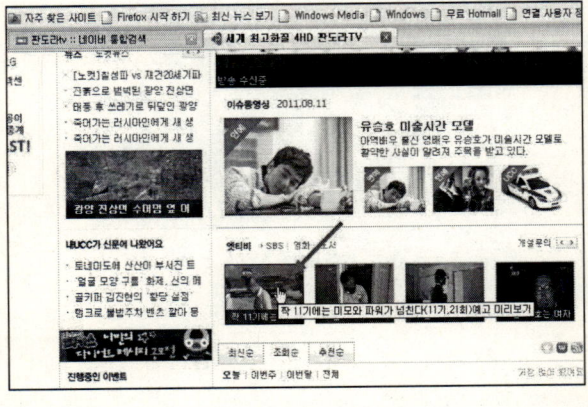

3. 다음과 같이 동영상 화면이 나타나면, ▶ 버튼을 클릭하여 동영상을 재생하여 본다.

※ '판도라TV' 같은 경우에는 동영상을 재생하기 전에, 항상 광고 영상이 나타난다.

4. 동영상 재생중에, '주소 입력란'에 있는 현재 화면의 웹사이트 주소를 마우스로 블록을 지정한다.

5. 마우스로 상단부의 '편집' 메뉴에서 '복사'를 선택한다.

6. 바탕 화면에 위치한 'UCC 다바다' 프로그램을 마우스로 두 번 클릭한다.

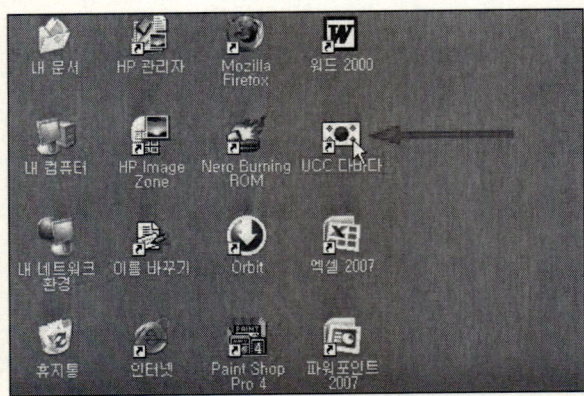

7. 'UCC 다바다' 프로그램이 화면에 나타나면, 상단부의 탭 중에서 '실시간 모니터링' 탭을 마우스로 클릭한다.

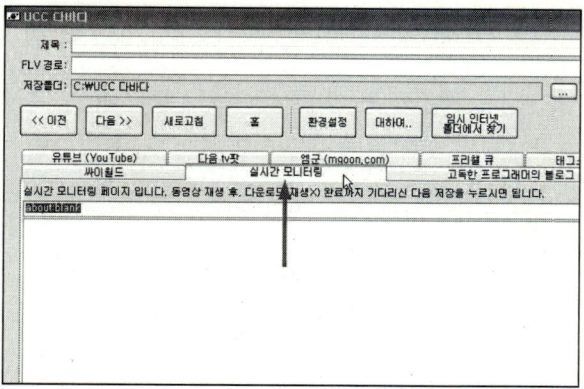

8. '실시간 모니터링' 탭 화면이 나타나면, '주소 입력란'에 마우스 커서를 위치시킨 상태에서 마우스 오른쪽 버튼을 클릭한다. 팝업 메뉴가 나타나면, 중간에 위치한 '붙여넣기'를 마우스로 선택한다.

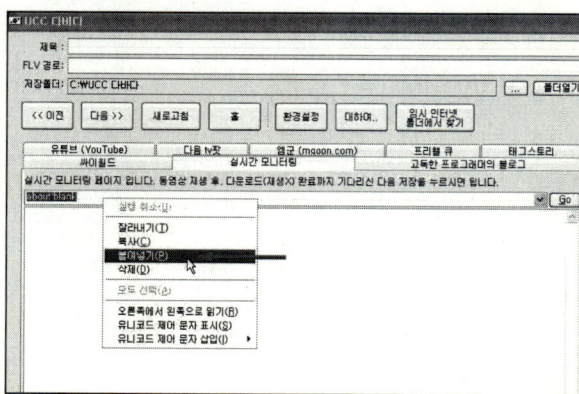

4장

9. '주소 입력란'에 복사한 웹사이트 주소가 붙여지면, 오른쪽에
   위치한 'Go' 버튼을 마우스로 클릭한다.

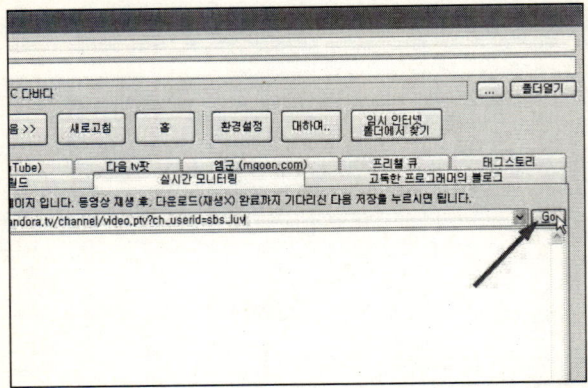

10. 하단부의 빈 공간에 동영상을 재생했던 '판도라TV' 화면이
    나타나는 것을 볼 수 있다.

11. 광고 동영상이 먼저 재생되면서, 다음과 같이 '임시 인터넷 파일 검색' 대화박스가 나타나는 것을 볼 수 있다. 파일 목록에 동영상 파일이 나타나면, 마우스로 선택한다.

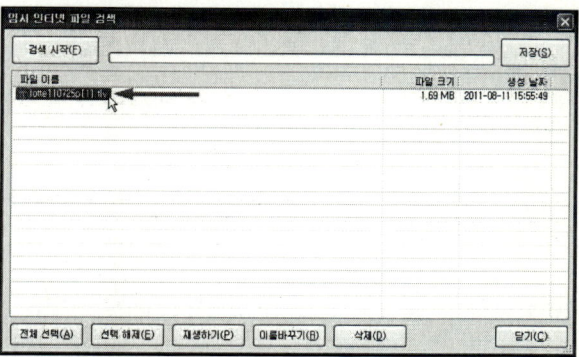

12. '임시 인터넷 파일 검색' 대화박스의 오른쪽 상단부에 위치한 '저장' 버튼을 마우스로 클릭한다.

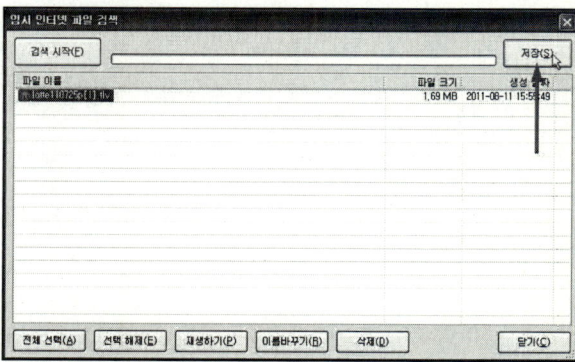

109

13. 계속해서 파일 목록에 동영상 파일이 나타나면, 마우스로 선택한 상태에서 '저장' 버튼을 클릭한다.

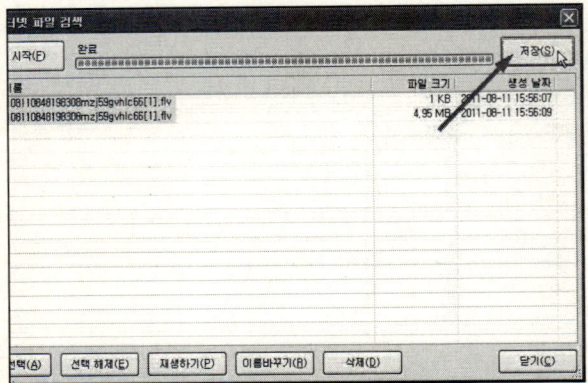

14. 저장이 완료되고 나면, 다음과 같이 'Temporary Internet Files(임시 인터넷 파일)' 폴더가 나타난다. 폴더 안에 다운받은 동영상들이 있는 것을 볼 수 있다. 오른쪽 상단부의 ⊠버튼을 클릭하여, 폴더를 닫는다.

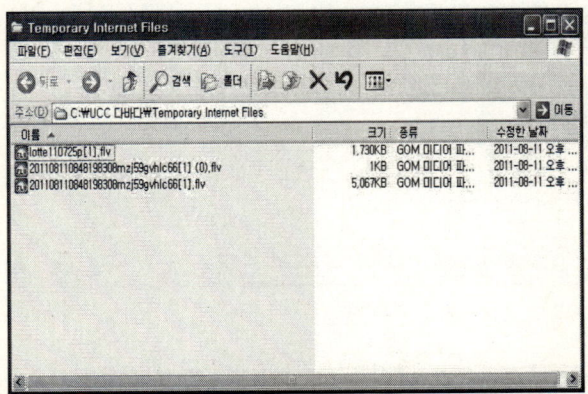

15. '임시 인터넷 파일 검색' 대화박스의 오른쪽 하단부에 위치한 '닫기' 버튼을 마우스로 클릭하여, 대화박스를 닫는다.

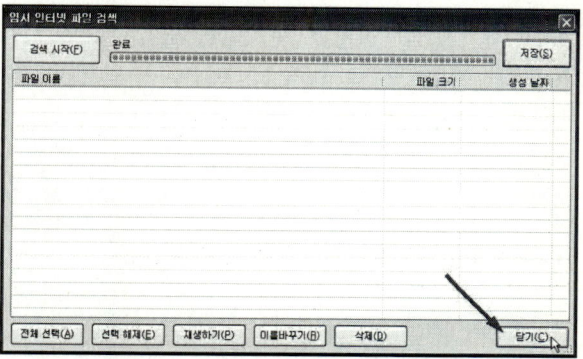

16. 바탕 화면에 위치한 '곰 플레이어'를 마우스로 두 번 클릭한다.

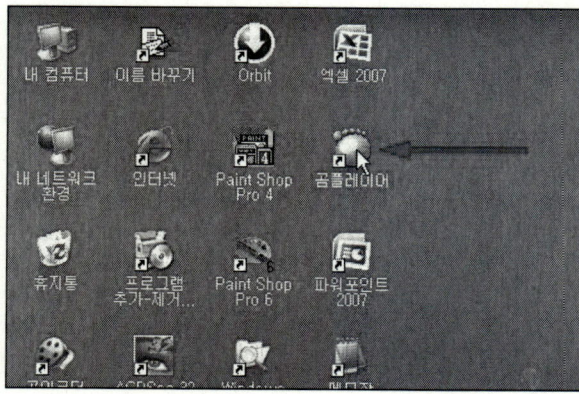

4장

17. '곰 플레이어' 프로그램이 화면에 나타나면, 하단부에 위치한
'▲ (열기)' 버튼을 마우스로 클릭한다.

18. '파일 열기' 대화박스가 나타나면, C 드라이브에서 'UCC 다바
다' 폴더를 마우스로 두 번 클릭한다

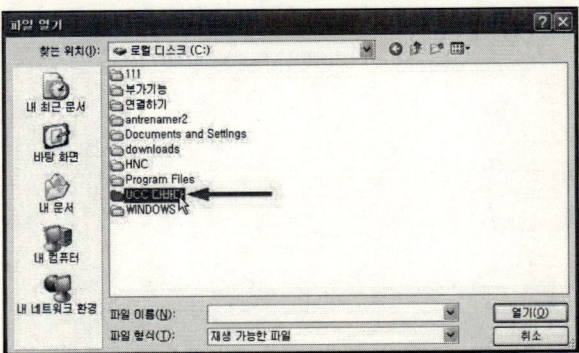

4장

19. 'UCC 다바다' 폴더 안의 'Temporary Internet Files' 폴더를 마우스로 두 번 클릭한다.

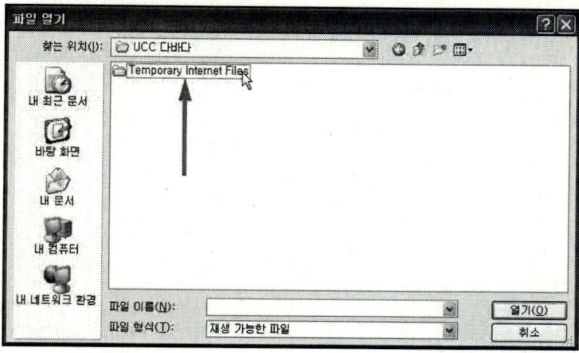

20. 'Temporary Internet Files' 폴더 안의 flv 파일들을 하나씩 선택한 다음, '열기' 버튼을 클릭한다. 광고 동영상이 재생될 수도 있고, 본 동영상이 재생될 수도 있다.

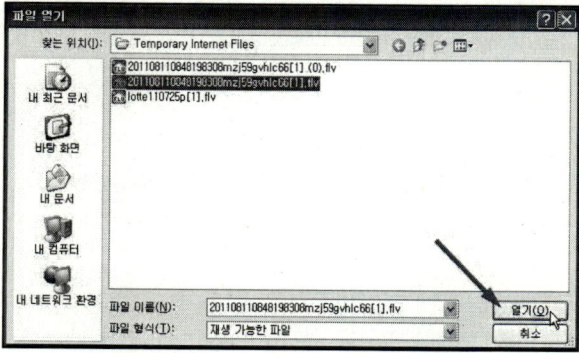

4장

21. 인터넷에서 다운받고자 했던 동영상이 '곰 플레이어' 화면에
다음과 같이 나타난다. 동영상 뒷부분이 잘려진 경우도 있으
므로, 동영상 재생이 종료될 때까지 테스트하여 본다.

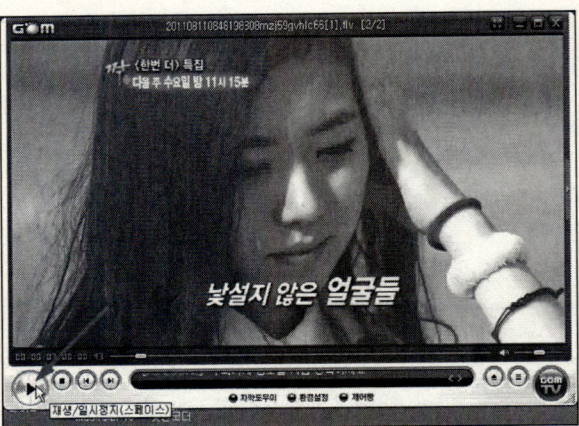

동영상 파일의 종류

4장

▶ AVI(Audio Video Interleave)

마이크로소프트가 1992년에 처음으로 선을 보인 멀티미디어 파일 유형으로, 이름에서 알 수 있듯이 오디오와 비디오 데이터를 모두 포함하고 있으며 현재 가장 널리 사용되고 있는 파일이다.

윈도우 미디어 플레이어는 물론 대부분의 동영상 프로그램(곰 플레이어, KMP 등)들이 기본으로 지원하는 파일 형식이기도 하다.

▶ WMV(Window Media Video)

마이크로소프트 윈도우 미디어 포맷의 가장 기본이 되는 파일이다.

현재 WMV 11까지 공개됐으며, 윈도우 미디어 플레이어는 물론 대부분의 동영상 프로그램에서 지원하는 파일 형식이다.

▶ MPEG, MPG(Moving Picture Experts Group)

오디오와 비디오 데이터의 국제 표준 확장자로, MPEG-1의 경우는 과거 비디오 CD에 널리 사용됐다.

현재 널리 사용되는 MP3, MP4 파일 등의 아버지뻘에 해당하는 파일 형식으로, MP3 파일이 MPEG-1 압축 포맷에 해당한다.

압축률이 낮기 때문에 용량이 크다는 단점을 갖고 있지만, 이 때문에 대부분의 PC에서 무리없이 구동되는 장점도 함께 갖고 있다.

▶ MKV

마트로시카 멀티미디어 컨테이너(Matrosika Multimedia Container)에서 제작한 오픈 표준 자유포맷으로 고화질 HD(High Definition) 동영상 파일로 널리 사용된다.

파일 내부에 비디오, 오디오, 그림, 자막 파일을 모두 포함하고 있기 때문에 애니메이션이나 드라마 파일에서 흔히 볼 수 있다.

곰 플레이어나 팟 플레이어 등의 프로그램을 통해 이용할 수 있지만, PC의 사양이 그만큼 따라줘야 무리없이 감상할 수 있다.

▶ MP4

본래는 MPEG 파일의 한 가지 규격이지만, 국내에서는 흔히 휴대전화나 PMP에서 사용되는 파일을 지칭하며, 최근에는 애플의 아이폰, 아이팟 등의 제품에서 이를 지원해 인지도가 올라가고 있다.

▶ TP, TS(MPEG Transport Stream)

현존하는 동영상 파일 중 가장 고화질의 파일을 담을 수 있는 파일로, 블루레이 디스크와 화질인 1,080p 해상도를 지원한다.

이를 재생하기 위해서는 PC에 H.264 코덱이 설치되어 있어야만, 곰 플레이어와 팟 플레이어 등 동영상 전문 플레이어를 통해서 재생할 수 있다(윈도우7은 자체적으로 해당 코덱을 내장하고 있어, 해당 OS의 사용자는 코덱설치 없이 파일을 이용할 수 있다).

TP, TS 파일의 장점이라면 MKV 파일을 뛰어넘는 선명한 화질을 지원한다는 것. 하지만 원활하게 감상하기 위해서는 PC 사양이 제법 높아야 한다는 것이 단점이다.

▶ MOV

아이팟, 아이폰으로 이름을 떨치고 있는 애플에서 제작한 동영상 독자 규격.

최근에는 그 사용 빈도가 매우 떨어지는 편으로 널리 사용되는 편은 아니다. 과거에는 '퀵타임 뷰어'라는 프로그램을 통해 재생할 수 있었지만, 이제는 곰 플레이어, 팟 플레이어 등의 동영상 전문 플레이어로 간단하게 재생할 수 있다.

▶ SWF

최근 애플이 아이패드에서 SWF 규격을 지원하지 않겠다고 밝혀 화제가 됐던 파일규격이다.

'Shockwave Flash'의 약자로, 인터넷에서 흔히들 '움짤'이라 부르는 움직이는 그림 파일이나 인터넷 광고 배너 등에 널리 사용된다.

전문 재생 프로그램이 없더라도, 인터넷 익스플로러를 통해 간단히 재생할 수 있다.

▶ FLV(Flash Video)

SWF와 마찬가지로 어도비 시스템즈가 개발한 동영상 파일 형식이다. 최근 유튜브와 같은 인터넷 동영상 서비스 업체에서 널리 사용되며 각광받고 있다.

별도의 코덱이 없어도 바로 재생할 수 있으며, 영상은 플래시 방식으로 저장하고 사운드는 별도로 저장하기 때문에 용량이 작다는 장점을 갖고 있다.

파이어폭스(Firefox)를
이용하여 이미지 다운받기

Firefox 브라우저는 글로벌 비영리 기구인 Mozilla에서 만들고 있으며, 회사방침에 따라 웹 세상의 개방성과 혁신 및 선택을 중요시하는 커뮤니티이다.

특히 5,000개 이상의 뛰어난 무료 부가기능을 통해, 원하는 대로 Firefox를 커스터마이징하고 확장할 수 있다.

http://addons.mozilla.org, 보통 'AMO'라고 부르는 이곳은 Firefox 프로그램이 사용하는 부가기능에 대한 Mozilla의 공식 사이트이다. 부가 기능은 사용자의 브라우저나 응용 프로그램에 새로운 기능을 추가하거나, 작동 방식을 변화시킨다.

웹 브라우저
'파이어폭스' 설치하기

1. 부록 사이트(http://blog.daum.net/cinemart)의 왼쪽 하단부
   에 위치한 '컴퓨터 자료' 메뉴를 마우스로 클릭한다.

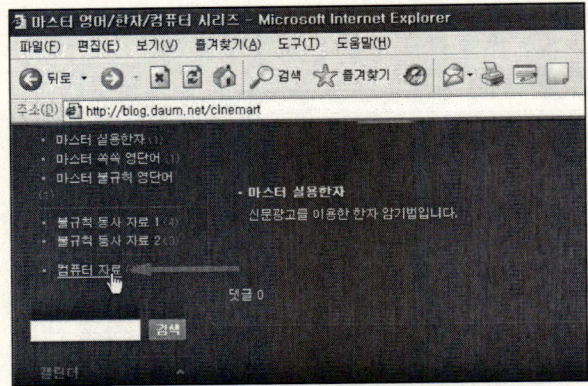

2. '파이어폭스 3.0 한글판' 항목의 Firefox Setup 3.0_kor.exe를
   마우스로 클릭한다.

※ 파이어폭스 최신 버전에 비해 속도가 훨씬 빠른 편이다.

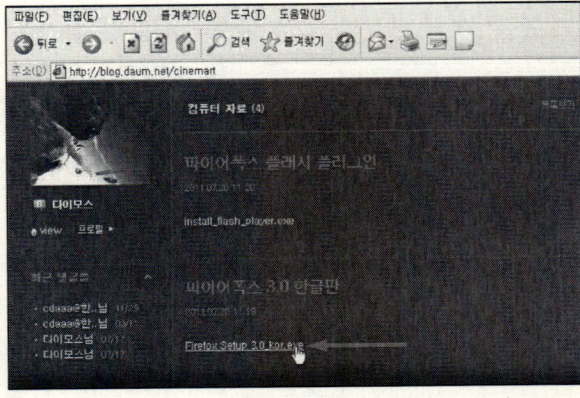

3. 다시 Firefox Setup 3.0_kor.exe를 마우스로 클릭한다.

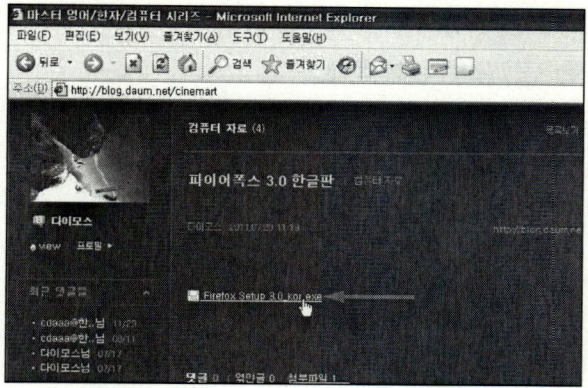

4. '파일 다운로드' 대화박스가 화면에 나타나면, '저장' 버튼을 클릭한다. 바로 실행하는 것보다는 저장해서 실행하는 것이 훨씬 안정적이다.

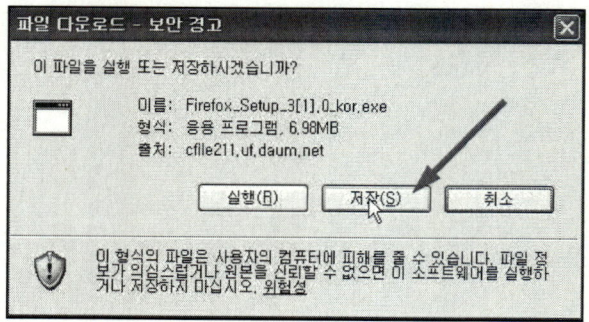

5. '다른 이름으로 저장' 대화박스가 화면에 나타나면, '저장' 버튼을 클릭하여 대화박스를 빠져 나간다.

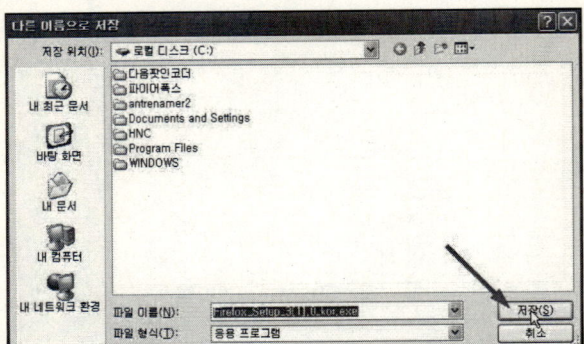

6. '다운로드 완료' 대화박스가 화면에 나타나고, 다운이 완료되고 나면 '닫기' 버튼을 클릭하여 대화박스를 빠져 나간다.

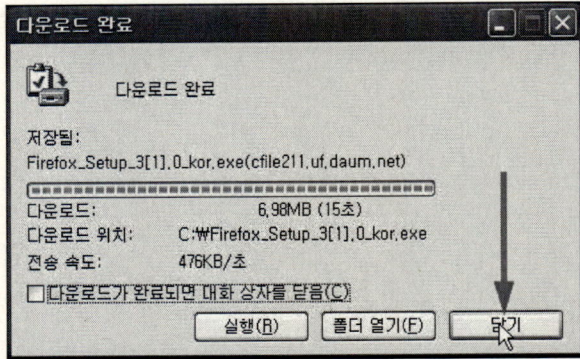

7. '컴퓨터 자료' 메뉴의 install_flash_player.exe를 마우스로 클릭한다.

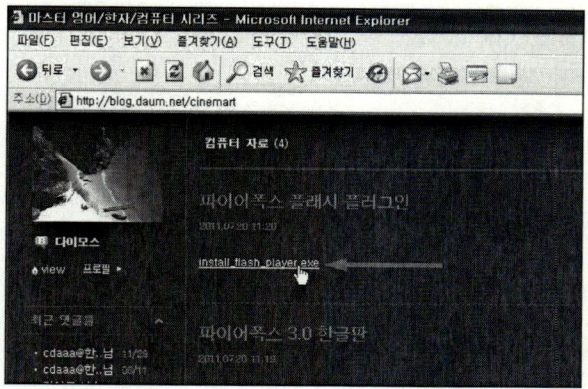

8. '파일 다운로드' 대화박스가 화면에 나타나면, '저장' 버튼을 클릭하여 파일을 컴퓨터에 저장시킨다.

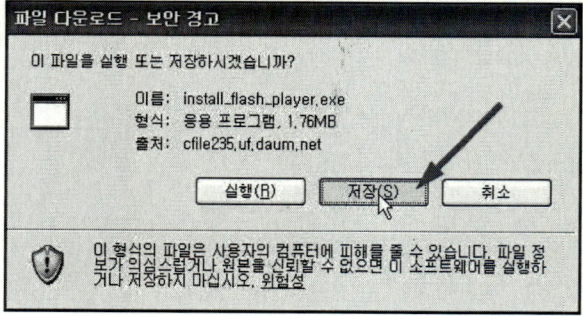

123

9. 컴퓨터에 저장된 Firefox Setup 3.0_kor.exe를 마우스로 두 번 클릭한다.

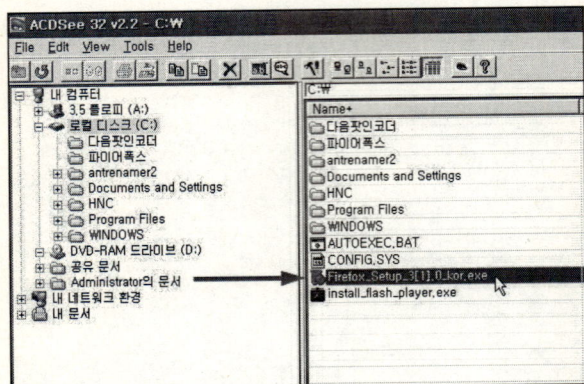

10. '파일 열기' 대화박스가 화면에 나타나면, 마우스로 '실행' 버튼을 클릭한다.

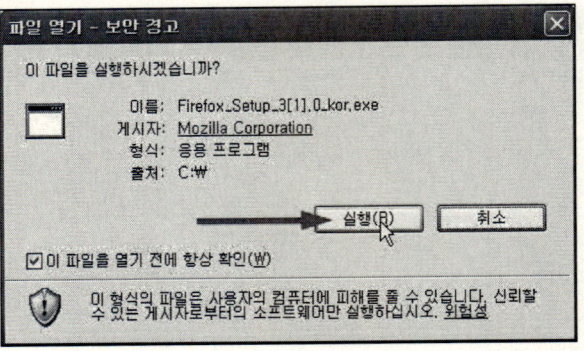

11. 다음과 같은 대화박스가 나타나며, 프로그램이 설치되기 시작한다.

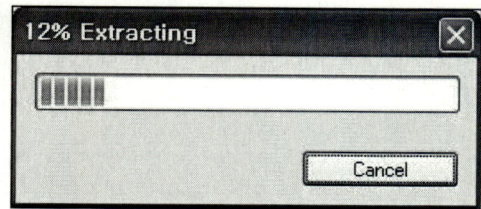

12. 'Mozilla Firefox 설치' 대화박스가 나타나면, '다음' 버튼을 마우스로 클릭한다.

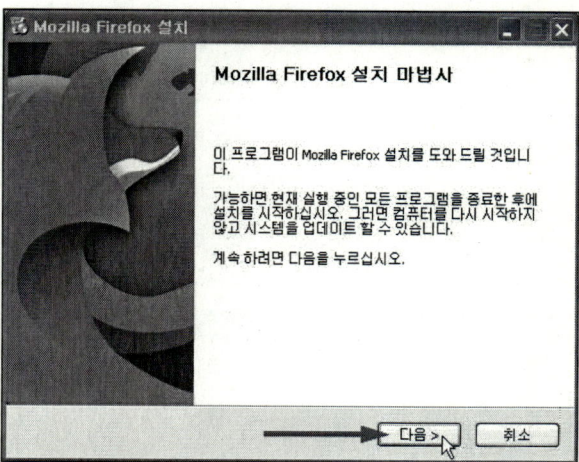

5장

13. 다음과 같은 화면이 나타나면, 왼쪽의 '동의함' 체크박스를 체크한 다음 '다음' 버튼을 마우스로 클릭한다.

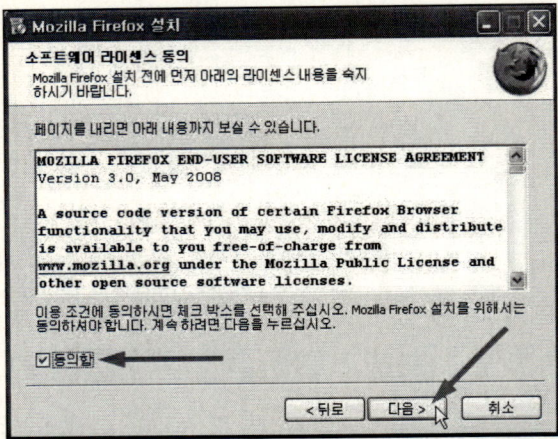

14. 다음과 같은 화면이 나타나면, 왼쪽 하단부의 'Firefox를 기본 웹 브라우저로 설정' 옵션 체크를 삭제한다.

※ '익스플로러'를 기본으로 사용하는 사용자들이 불편함을 느끼지 않게 하기 위해서이다.

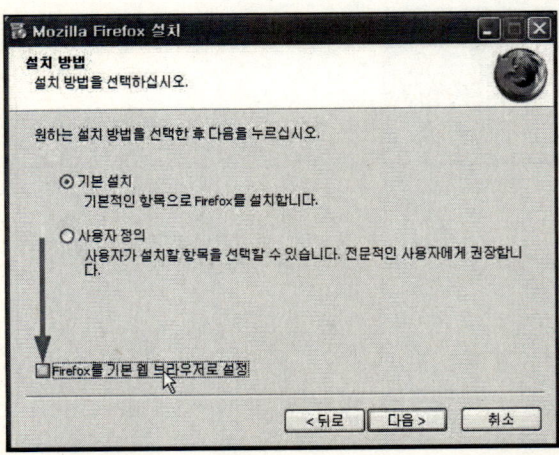

15. 오른쪽 하단부의 '다음' 버튼을 마우스로 클릭한다.

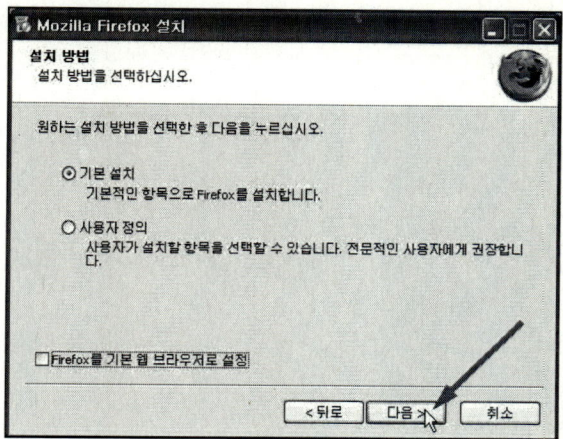

16. 다음과 같은 대화박스가 나타나면, '설치' 버튼을 마우스로 클릭한다.

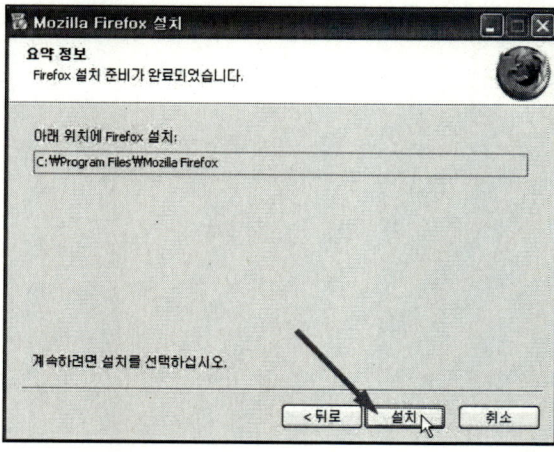

5장

127

17. 다음과 같은 대화박스가 나타나면, 'Mozilla Firefox 바로 실행' 체크 옵션의 체크를 삭제한다.

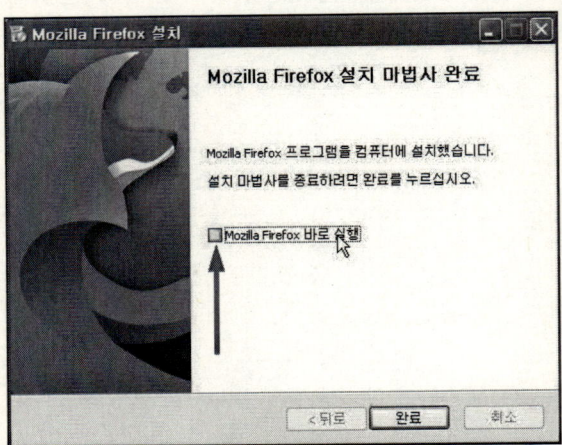

18. 하단부의 '완료' 버튼을 클릭하여, 대화박스를 빠져나간다.

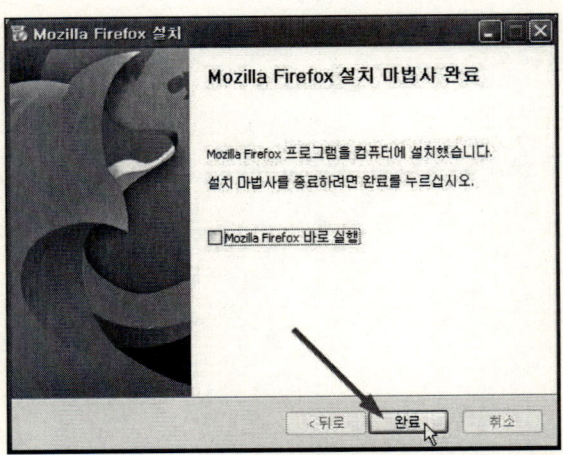

19. 컴퓨터에 다운된 install_flash_player.exe 파일을 마우스로 두 번 클릭한다.

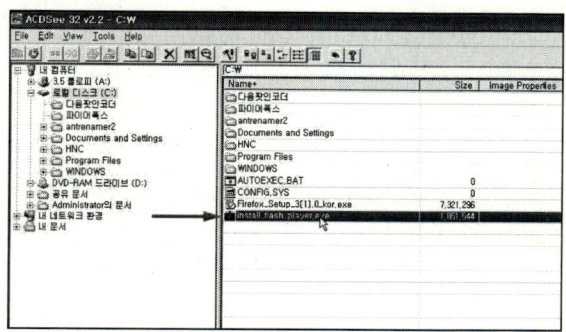

20. '파일 열기' 대화박스가 나타나면, '실행' 버튼을 마우스로 클릭한다.

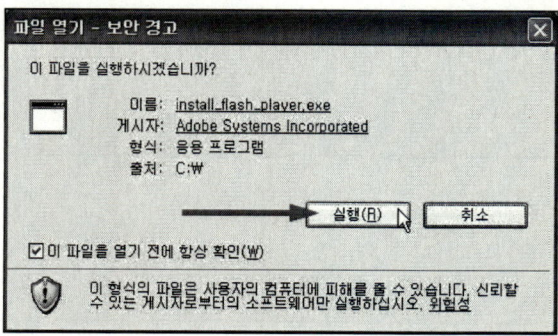

5장

21. 다음과 같은 대화박스가 나타나며, 파이어폭스용 플래시 파
일이 설치되기 시작한다.

22. 설치가 완료되고 나면, '닫음' 버튼을 클릭하여 대화박스를
빠져 나간다.

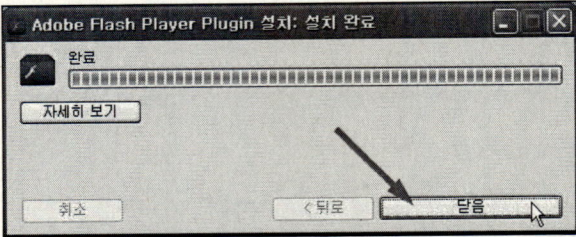

23. 바탕 화면에 위치한 '파이어폭스' 아이콘을 선택한 상태에서,
마우스 오른쪽 버튼을 클릭하면 팝업 메뉴가 나타난다. 상단
부에 위치한 '열기' 버튼을 마우스로 클릭한다.

※ '파이어폭스' 아이콘을 마우스로 두 번 클릭해도 된다.

5장

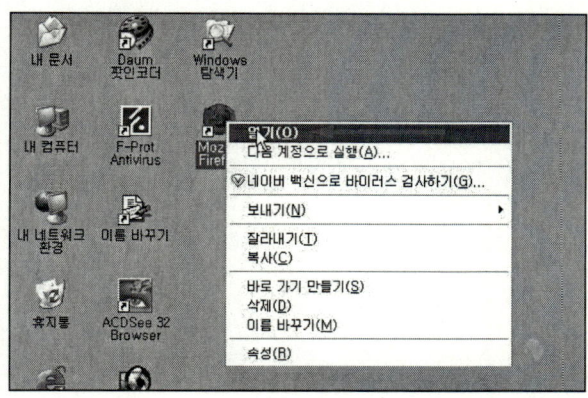

24. 다음과 같이, 웹 브라우저인 '파이어폭스' 프로그램이 실행된
것을 볼 수 있다.

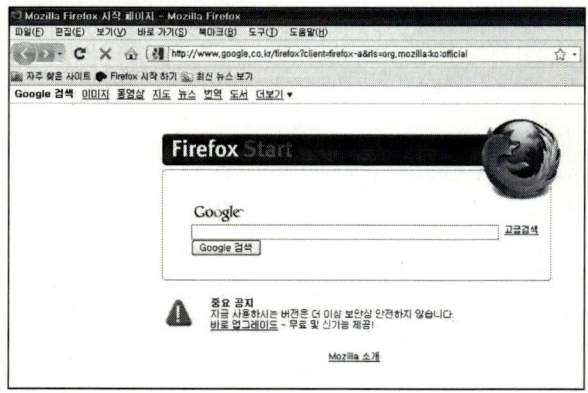

'그리스몽키'를 이용하여
마우스 오른쪽 버튼 사용금지 해제하기

1. '파이어폭스' 프로그램이 실행된 상태에서, '파이어폭스'의 주소
   입력란에 'https://addons.mozilla.org/ko/firefox/addon/748
   를 입력하면, 다음 화면과 같은 사이트로 이동한다.

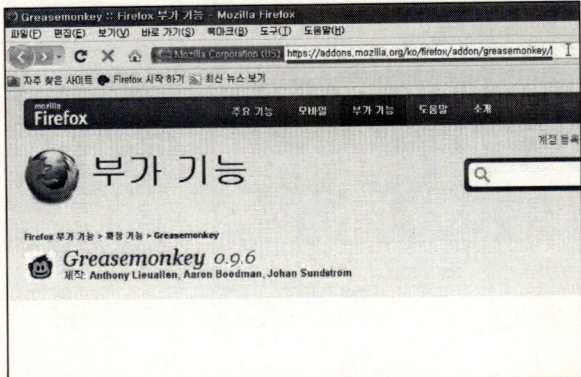

2. 화면 중앙에 위치한 '다운로드' 버튼을 마우스로 클릭한다.

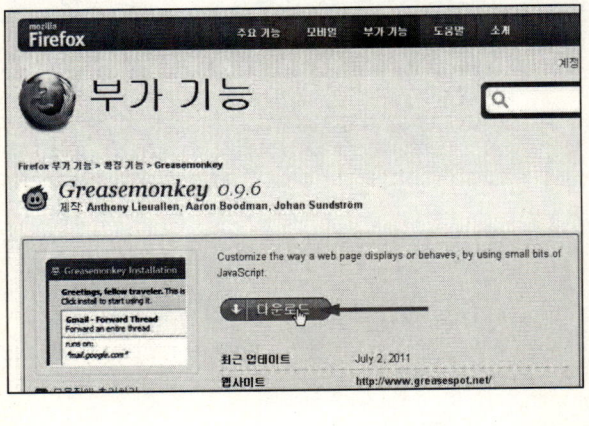

3. '소프트웨어 설치' 대화박스가 화면에 나타나면, 하단부의 '지금 설치' 버튼을 마우스로 클릭한다.

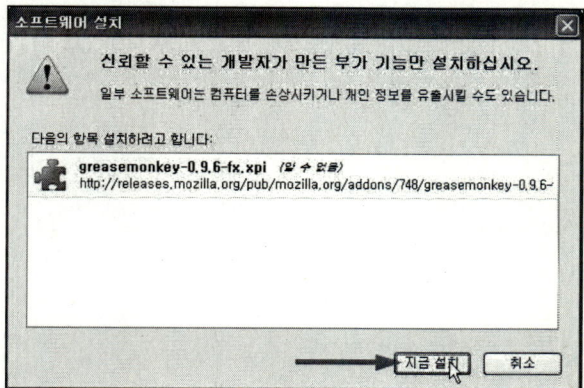

4. '부가 기능' 대화박스가 나타나면서 '그리스몽키' 프로그램이 설치되기 시작한다.

5. 설치가 완료되고 나면, 다음과 같은 화면이 나타난다. 오른쪽
   의 'Firefox 다시 시작' 버튼을 클릭하면 '파이어폭스' 프로그램
   이 종료된 후 다시 실행된다.

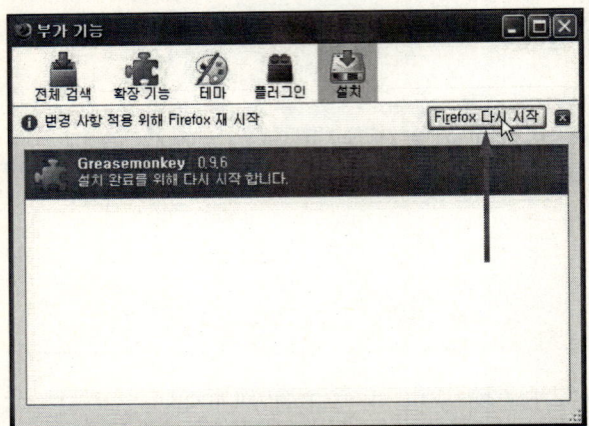

6. 다시 실행된 '파이어폭스' 프로그램의 왼쪽 상단부에 다음과
   같은 대화박스가 나타난다. 오른쪽 상단부의 '닫기' 버튼을 클
   릭하여 대화박스를 종료시킨다.

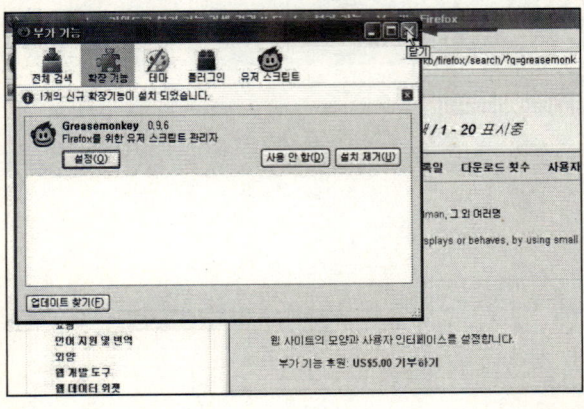

7. '파이어폭스'의 주소입력란에 'http://userscripts.org'를 입력하면, 다음 화면과 같은 사이트로 이동한다.

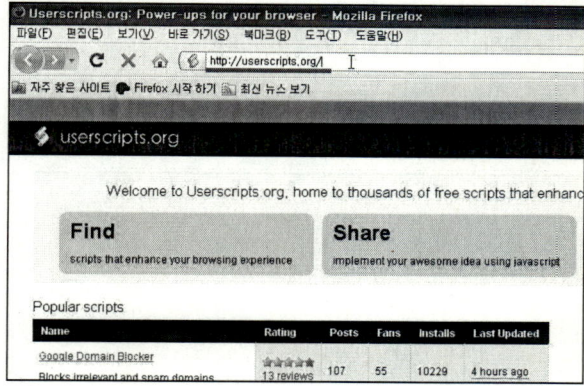

8. 오른쪽 상단부의 Scripts 버튼을 마우스로 클릭한다.

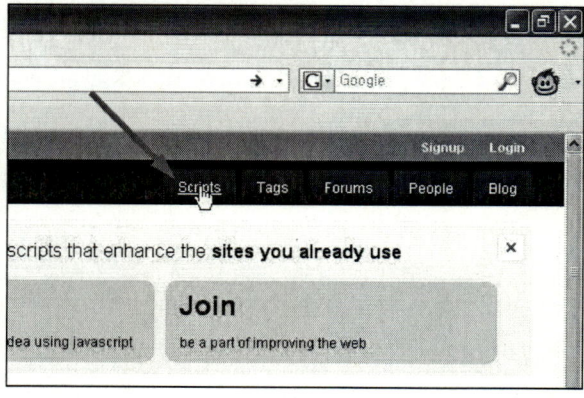

9. Scripts 화면으로 이동하면, 오른쪽 상단부의 검색란에 naver 를 입력한 다음, 오른쪽의 돋보기 버튼을 마우스로 클릭한다.

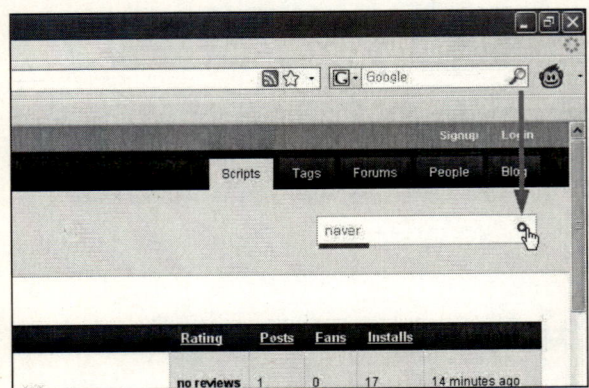

10. 왼쪽 중앙에 위치한 'Right-Click Enabler for some WebPortals' 텍스트를 마우스로 클릭한다.

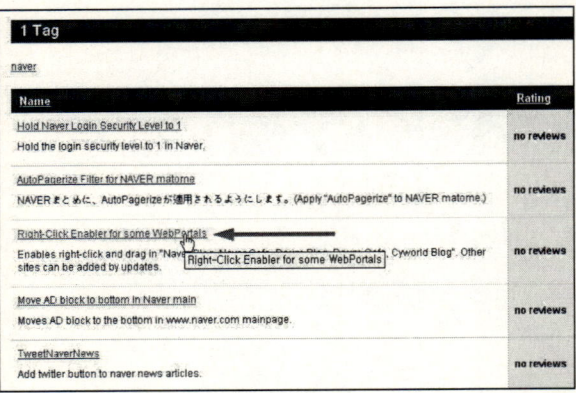

11. 'Right-Click Enabler for some WebPortals' 사이트로 이동
하면, 오른쪽 상단부의 Install 버튼을 마우스로 클릭한다.

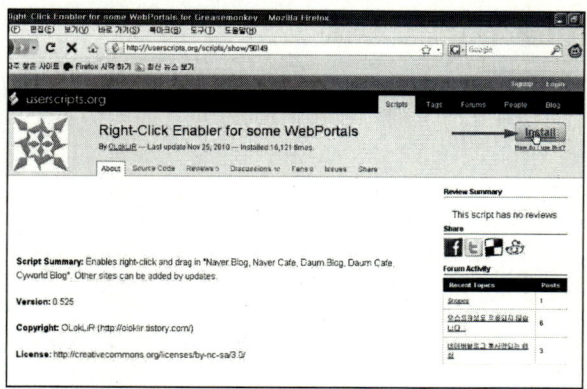

12. '그리스몽키 설치' 대화박스가 화면에 나타나면, '설치' 버튼이
활성화될 때까지 3초 정도 기다린다.

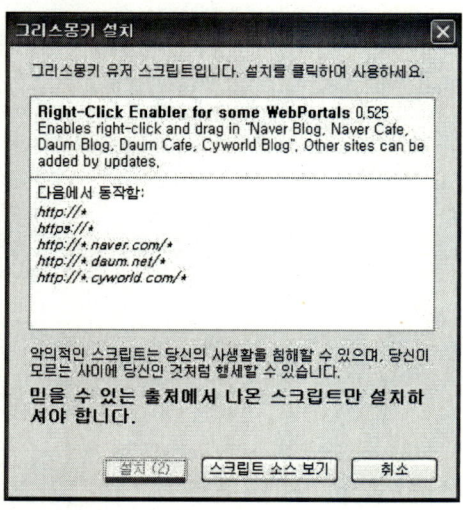

5장

13. '설치' 버튼이 활성화되면, '설치' 버튼을 마우스로 클릭한다.

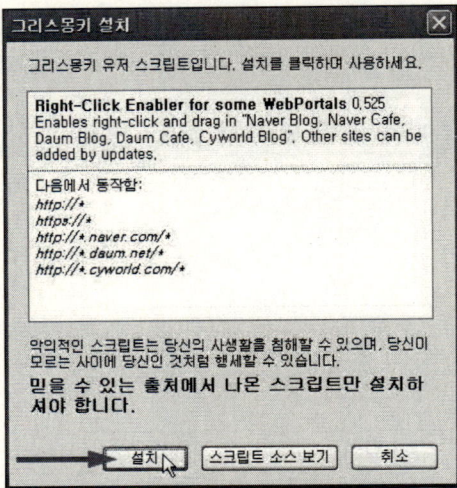

14. 설치가 완료되고 나면, 왼쪽 상단부의 '한 페이지 뒤로 가기'
    버튼을 마우스로 클릭한다.

15. 왼쪽 하단부에 위치한 'Naver Blog Right-Click Alert Removal' 텍스트를 마우스로 클릭한다.

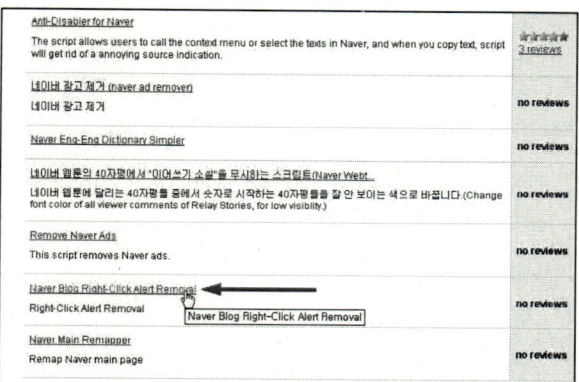

16. 'Naver Blog Right-Click Alert Removal' 사이트로 이동하면, 오른쪽 상단부의 Install 버튼을 마우스로 클릭한다.

5장

139

5장

17. '그리스몽키 설치' 대화박스가 화면에 나타나면, '설치' 버튼이
활성화될 때까지 3초 정도 기다린다. '설치' 버튼이 활성화되
면, '설치' 버튼을 마우스로 클릭한다.

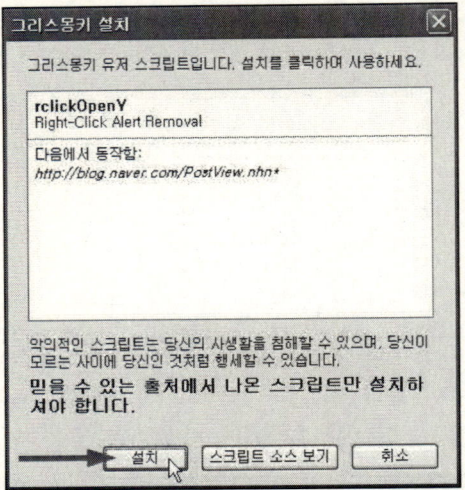

18. 설치가 완료되고 나면, 오른쪽 하단부에 다음과 같이 '성공적
으로 설치됨'이라는 알림박스가 자동으로 나타난다.

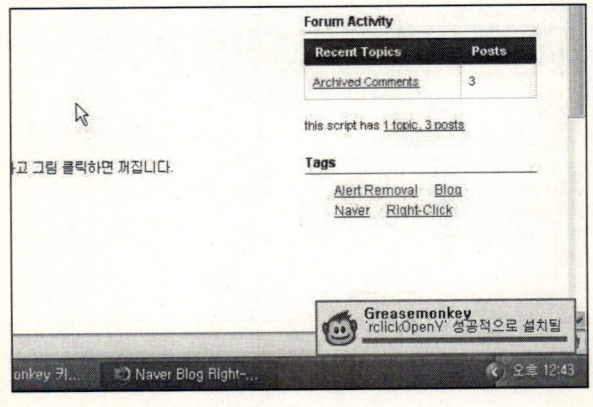

19. 이제 네이버 블로그로 이동한 다음, 마우스 오른쪽 버튼을 이용하여 블로그 이미지를 저장하여 본다. 사용이 금지되었던 오른쪽 버튼으로 자유롭게 '드래그'와 '다운'을 할 수 있다.

※ '그리스몽키' 프로그램은 '파이어폭스'에서만 사용할 수 있을 뿐, '익스플로러'에서는 사용할 수 없다.

5장

부록 사이트를 이용하여
'그리스몽키' 간편하게 사용하기

1. 부록 사이트(http://blog.daum.net/cinemart)의 '컴퓨터 자료'
   메뉴에서 '그리스몽키 사용방법(파이어폭스)'을 마우스로 클릭
   한다.

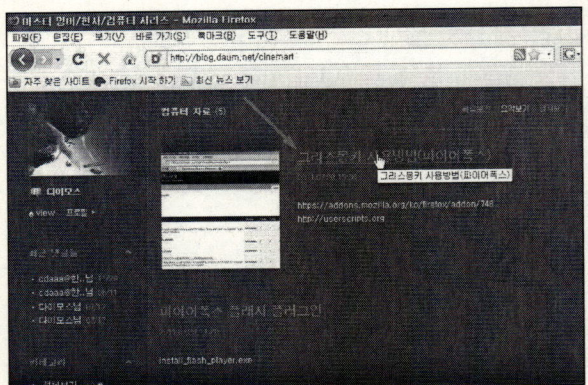

2. 'https://addons.mozilla.org/ko/firefox/addon/748'를 마우
   스로 클릭하면, 새 탭을 통해 '그리스몽키'를 다운받을 수 있
   는 사이트가 열리는 것을 볼 수 있다.

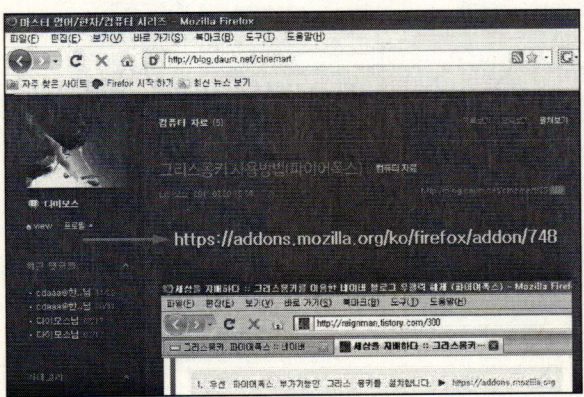

3. 'http://userscripts.org'를 마우스로 클릭하면, 새 탭을 통해 마우스 오른쪽 버튼을 사용할 수 있는 스크립트 사이트가 열리는 것을 볼 수 있다.

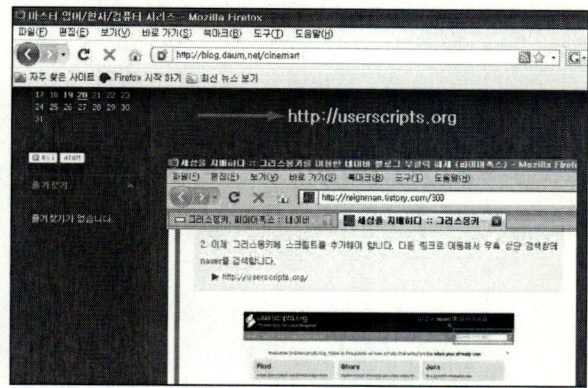

동영상의 확장자 종류

▶ avi : 가장 쉽게 접하는 확장자로, 주로 디빅 포맷을 많이 쓴다.

▶ wmv : 비교적 저용량 저화질

▶ mpeg : 국제 동영상 압축단체가 만든 국제적인 압축표준

▶ vob : dvd 포맷 형식

▶ flv : 윈도우에 업로드해서 스트리밍으로 볼 때 편한 저용량 파일

▶ skm : 핸드폰에서 볼 때 사용하는 파일

▶ mov : 애플사가 만든 포맷, 퀵 플레이어에서 볼 수 있다.

▶ mkv : 최근에 나온 확장자로 avi보다 압축률이 뛰어남.

▶ asf : audio streaming file로 인터넷에서 상영을 위한 동영상 파일이다. 파일 크기가 작고, 화질이 떨어진다.

▶ mpg : VCD 포맷으로 비디오 CD로 구워서 쓸 수 있다.

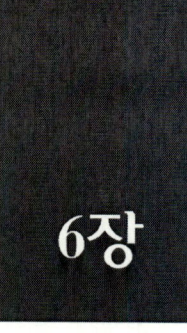

6장

파이어폭스(Firefox)를 이용하여 동영상 다운받기

DownloadHelper는 웹 콘텐츠 추출 프로그램이다. 이 프로그램은 많은 사이트로부터 비디오와 이미지를 다운로드할 목적으로 제작되었다.

웹서핑 중 DownloadHelper가 다운 가능한 항목을 감지하면, 아이콘이 활성화되며 클릭으로 쉽게 파일을 다운로드할 수 있는 메뉴가 나타난다.

예를 들면, 유투브 사이트에서 동영상을 내 컴퓨터로 직접 다운로드할 수 있다.

또한 MySpace, Google videos, DailyMotion, Porkolt, iFilm, DreamHos 등의 사이트도 지원한다.

이미지 또는 동영상 링크가 포함된 페이지를 보고 있다면, 한 번에 모든 콘텐츠 또는 그중 일부를 다운로드할 수 있다. 메뉴에서 항목 위로 마우스를 옮기면, 직접 다운로드할 수 있는 항목의 링크가 강조 표시된다.

DownloadHelper는 다른 사이트의 웹 서핑에 영향을 주지 않도록 한 번에 하나씩 다운로드할 수도 있다.

DownloadHelper
프로그램 설치하기

1. 파이어폭스 프로그램의 주소 입력란에 'https://addons. mozilla.org/ko/firefox/addon/3006'를 입력한 다음, Enter키 를 친다.

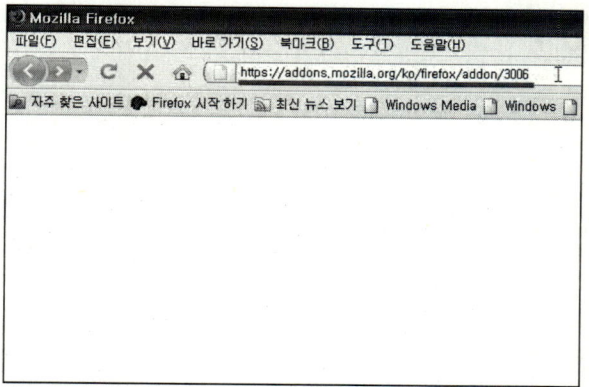

2. 다음과 같은 화면이 나타나면, 화면 중앙에 위치한 '다운로드' 버튼을 마우스로 클릭한다.

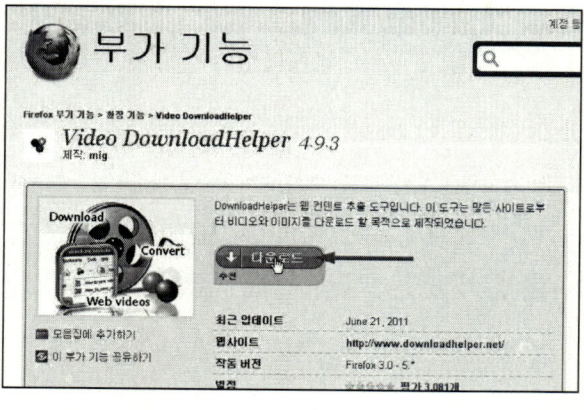

147

3. '소프트웨어 설치' 대화박스가 화면에 나타나면, '지금 설치' 버
   튼을 마우스로 클릭한다.

4. '부가 기능' 대화박스가 나타나며, 'Video DownloadHelper'
   프로그램이 설치되기 시작한다.

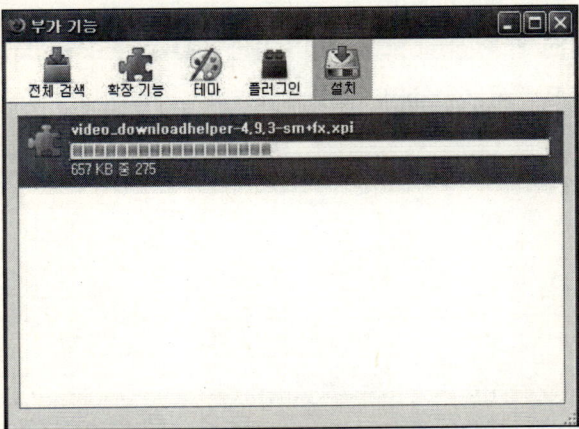

6장

5. 설치가 완료되고 나면, 다음과 같은 화면이 나타난다. 오른쪽
   상단부의 'Firefox 다시 시작' 버튼을 마우스로 클릭한다.

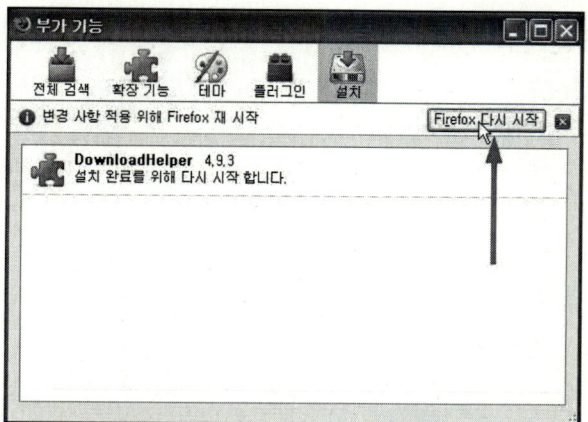

6. '파이어폭스' 프로그램이 종료되었다가 다시 실행되면, 다음과
   같은 대화박스가 나타난다. 오른쪽 상단부의 '닫기' 버튼을 마
   우스로 클릭한다.

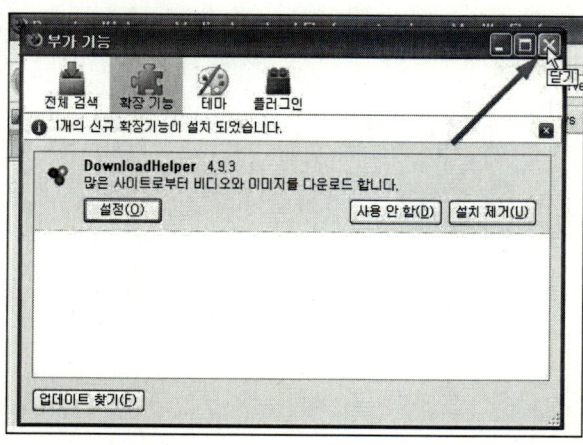

7. '파이어폭스' 프로그램의 상단부에 있는 '표준도구 모음'에서
   DownloadHelper 버튼이 생성된 것을 볼 수 있다.

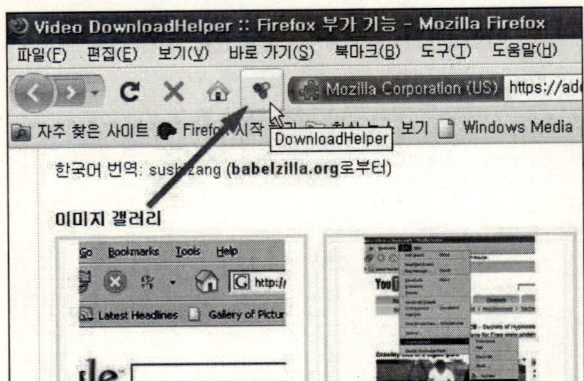

6장

'설정' 대화박스에서
본인이 원하는 '저장 폴더' 지정하기

1. DownloadHelper 버튼 위에 마우스 커서를 올려놓은 상태에
서 오른쪽 버튼을 클릭하면, 팝업 메뉴가 나타난다. 상단부의
'설정' 버튼을 마우스로 클릭한다.

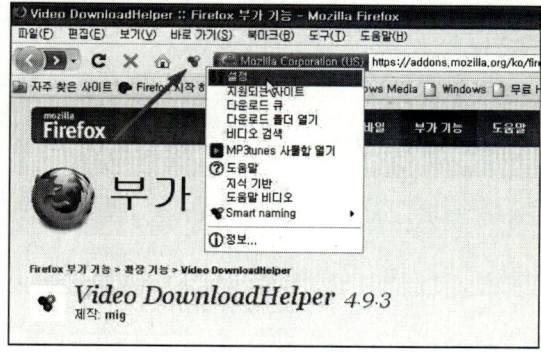

2. '설정' 대화박스가 화면에 나타나면, 상단부에 있는 '서비스' 버
튼을 마우스로 클릭한다.

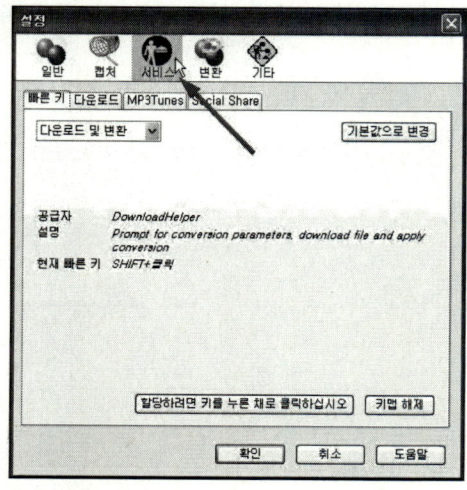

151

3. 다음과 같은 화면이 나타나면, 상단부의 '다운로드' 탭을 마우스로 클릭한다.

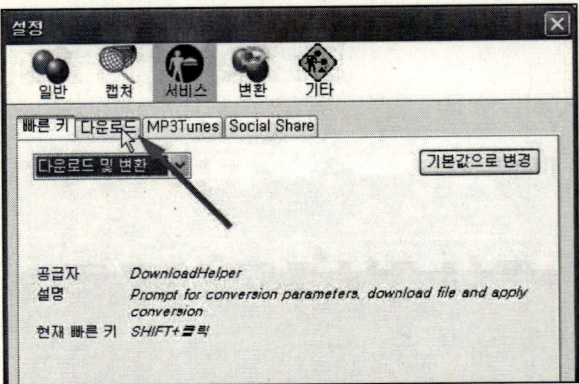

4. '저장 폴더' 항목의 오른쪽에 위치한 '폴더 변경' 버튼을 마우스로 클릭한다.

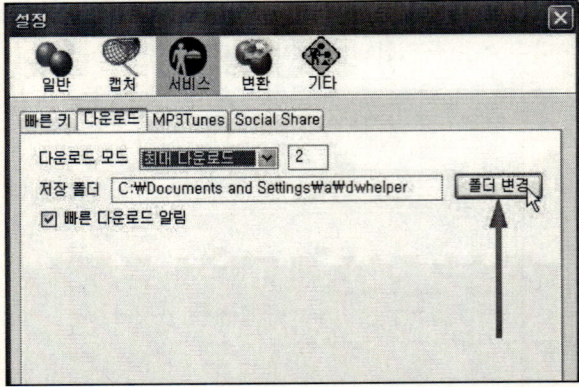

6장

5. '폴더 찾아보기' 대화박스가 화면에 나타나면, 본인이 원하는 폴더를 마우스로 선택한다.

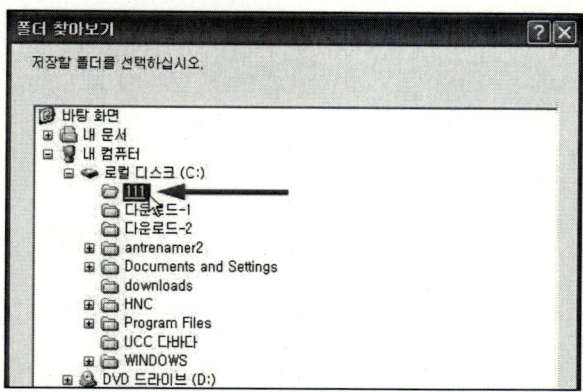

6. '폴더 찾아보기' 대화박스의 하단부에 위치한 '확인' 버튼을 마우스로 클릭하여 대화박스를 빠져 나간다.

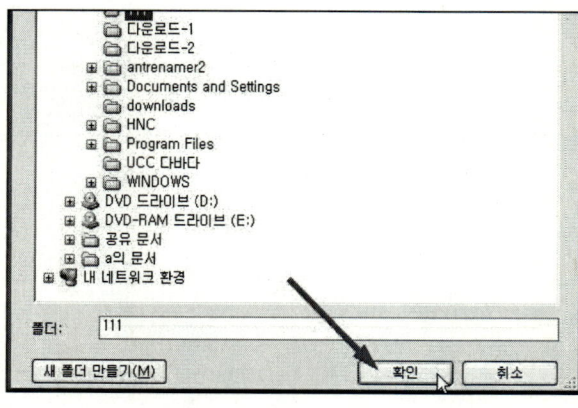

153

7. '저장 폴더' 항목의 오른쪽에 다음과 같이 폴더가 변경된 것을
볼 수 있다. 하단부의 '확인' 버튼을 클릭하여 대화박스를 빠
져 나간다.

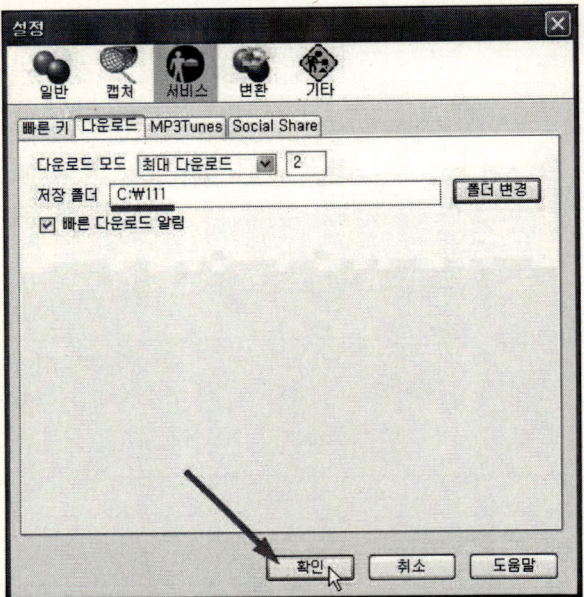

DownloadHelper 프로그램을 이용하여 동영상 다운받기

1. 바탕 화면에 위치한 '파이어폭스' 아이콘을 선택한 상태에서, 마우스 오른쪽 버튼을 클릭하면, 팝업 메뉴가 나타난다. 상단 부의 '열기' 버튼을 마우스로 클릭한다.

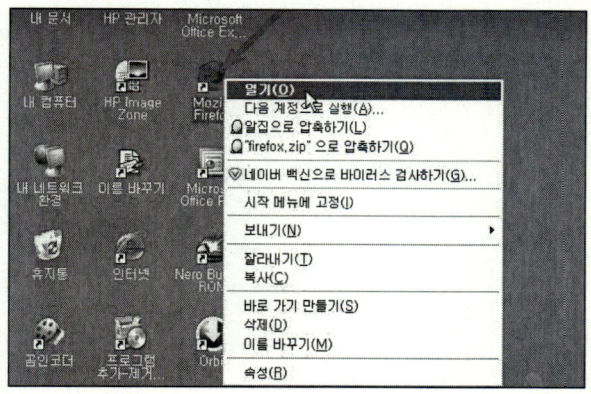

2. '파이어폭스' 프로그램이 실행되면, 상단부의 '도구' 메뉴에서 '설정' 항목을 마우스로 선택한다.

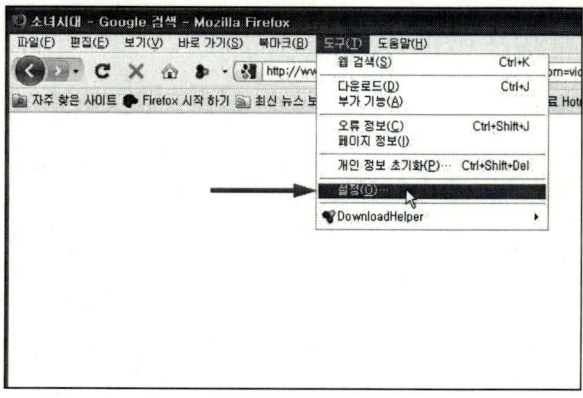

3. '설정' 대화박스가 화면에 나타나면, '일반' 탭의 '다운로드' 항
   목에서 '파일을 다운로드할 때 진행상태 보기' 체크박스를 마
   우스로 체크한다.

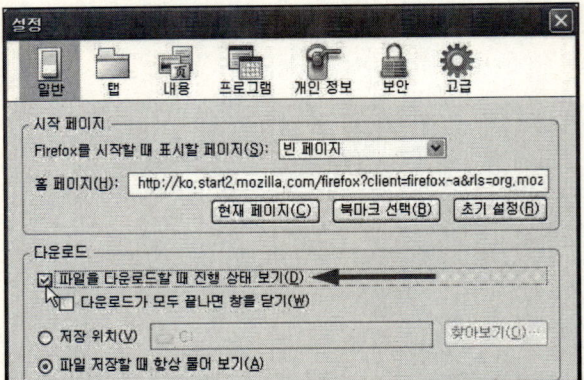

4. 하단부의 '확인' 버튼을 마우스로 클릭하여 대화박스를 빠져
   나간다.

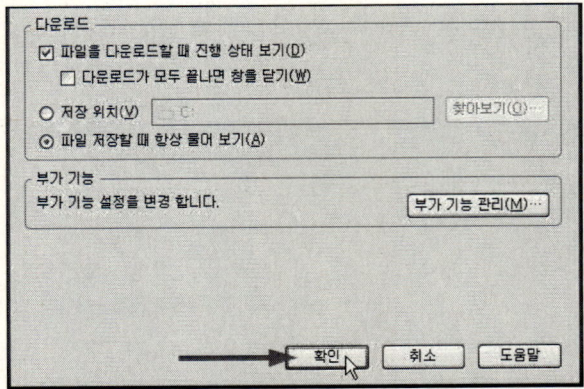

5. 구글 홈페이지(www.google.co.kr)로 이동한 다음, 상단부의 '동영상' 텍스트를 마우스로 클릭한다.

6. 화면 중앙의 입력란에 '소녀시대'를 입력한 다음, 오른쪽의 돋보기 버튼을 마우스로 클릭한다.

7. '소녀시대' 동영상 목록이 화면에 나타나면, '소녀시대 풀' 동영
상을 마우스로 클릭한다.

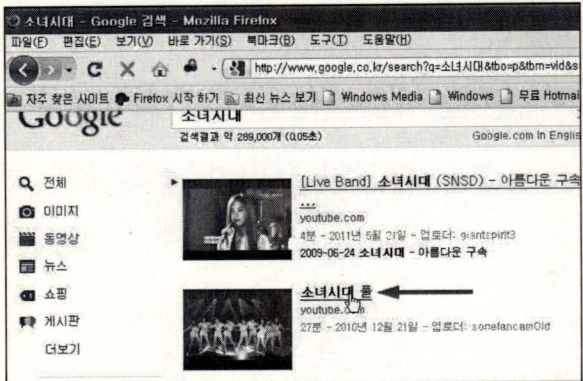

8. '소녀시대 풀' 동영상이 화면에 나타나면, 왼쪽 하단부에 위치
한 ▶ 버튼을 클릭하여 동영상을 재생시킨다.

6장

9. '표준도구 모음'에서 DownloadHelper 버튼의 오른쪽에 있는
▼ 버튼을 클릭하면, 다음과 같이 다운받을 수 있는 동영상 선
택목록이 나타난다.
본인이 원하는 크기의 동영상을 선택한 다음, 오른쪽의 '다운
로드'를 마우스로 선택한다.

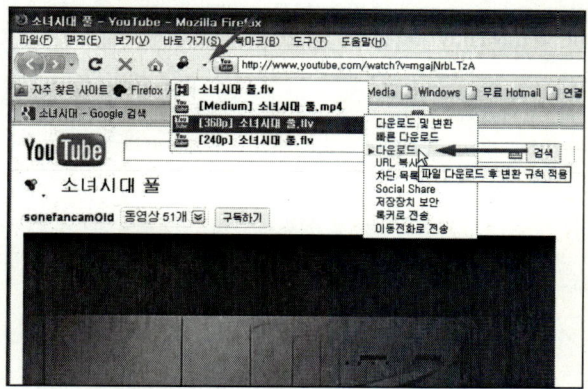

10. '파일 저장' 대화박스가 화면에 나타나면, '저장' 버튼을 마우
스로 클릭한다.

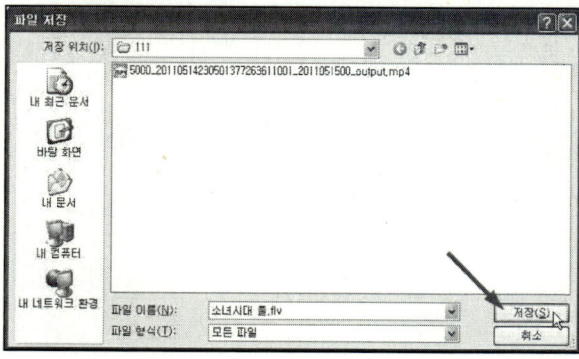

11. '다운로드' 대화박스가 화면에 나타나고, 동영상이 다운되기 시작한다. 오른쪽의 ⅠⅠ 버튼을 마우스로 클릭하면, 동영상 다운이 일시적으로 정지된다.

6장

12. 이전에 다운받은 동영상 목록을 삭제하고 싶을 때는 삭제하려는 동영상을 선택한 다음, 마우스 오른쪽 버튼을 클릭한다. 팝업 메뉴에서 '목록에서 삭제'를 마우스로 선택하면, 다운받은 동영상 목록을 삭제할 수 있다.

160

13. 다운되고 있는 동영상 작업을 취소하고 싶을 때는 오른쪽의 ☒버튼을 마우스로 클릭하면, 동영상 다운이 취소된다.

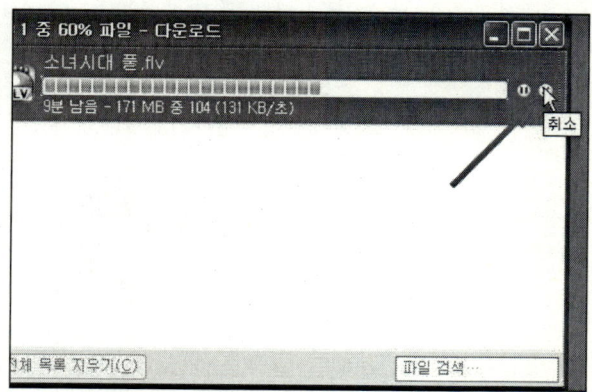

14. 제대로 다운작업이 완료되었는지를 알아보기 위해, 다운된 동영상을 '곰 플레이어' 등을 이용하여 재생하여 본다.

'파이어폭스' 프로그램에서
DownloadHelper 기능 제거하기

1. '파이어폭스' 프로그램의 '표준도구 모음'에 DownloadHelper 프로그램이 장착된 것을 볼 수 있다. 이 장착된 기능을 제거하여 보자. 상단부의 '도구' 메뉴에서 '부가 기능'을 마우스로 선택한다.

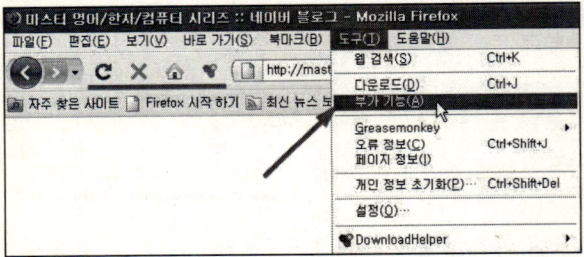

2. 다음과 같이 '부가 기능' 대화박스가 화면에 나타나면, '확장 기능' 탭에 DownloadHelper 프로그램이 등록된 것을 볼 수 있다. 마우스로 '설치 제거' 버튼을 클릭한다.

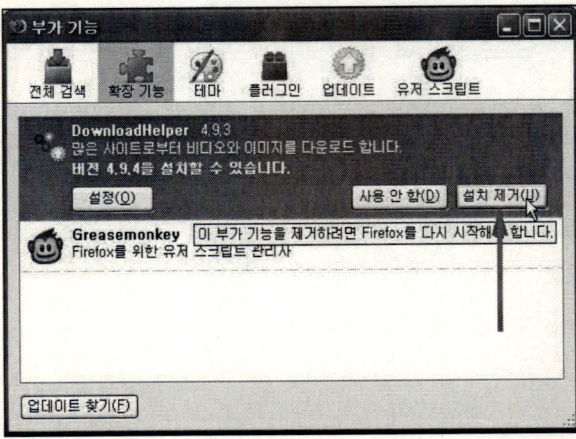

3. 'DownloadHelper 제거' 대화박스가 화면에 나타나면, 마우스로 '제거' 버튼을 클릭한다.

6장

4. 다음과 같이 '부가 기능' 대화박스가 변경되면, 대화박스의 오른쪽에 위치한 'Firefox 다시 시작' 버튼을 마우스로 클릭한다.

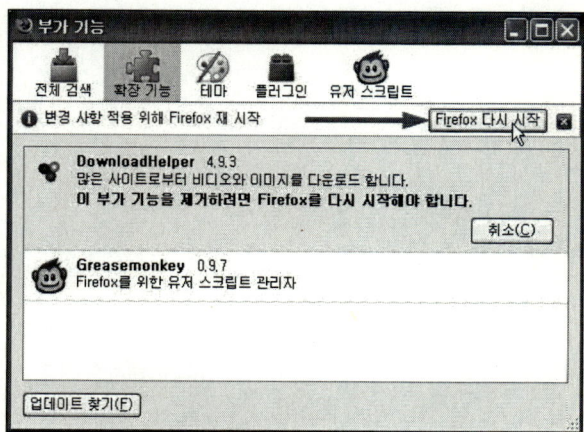

5. '파이어폭스' 프로그램이 다시 시작되어 나타나면, '표준도구 모음'과 '부가 기능' 대화박스의 '확장 기능' 탭 화면에 DownloadHelper 프로그램이 삭제된 것을 볼 수 있다.

6장

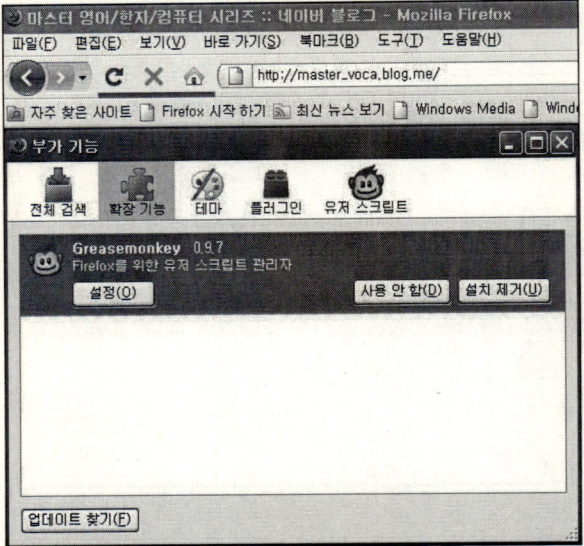

부록 사이트를 이용하여
DownloadHelper 간편하게 사용하기

1. 부록 사이트(http://blog.daum.net/cinemart)의 '컴퓨터 자료' 메뉴에서 '파이어폭스 동영상 다운로드 - Video Download Helper'를 마우스로 클릭한다.

2. 'https://addons.mozilla.org/ko/firefox/addon/3006'을 마우스로 클릭하면, 새 탭을 통해 파이어폭스의 확장기능을 추가할 수 있는 사이트가 열리는 것을 볼 수 있다.

7장

DVD 원본 파일을 변환하여 블로그에 대형화면 동영상 연결하기

DVD 파일을
컴퓨터로 복사하기

1. 영화 DVD를 컴퓨터에 장착된 'DVD 드라이브'에 삽입한 다음,
   '윈도우 탐색기' 등을 이용하여 DVD 내부의 VIDEO_TS 폴더
   를 마우스로 두 번 클릭한다. 영화 DVD에 수록된 파일들을
   볼 수 있다.

※ 컴퓨터의 'CD 드라이브'는 DVD를 인식하지 못한다.

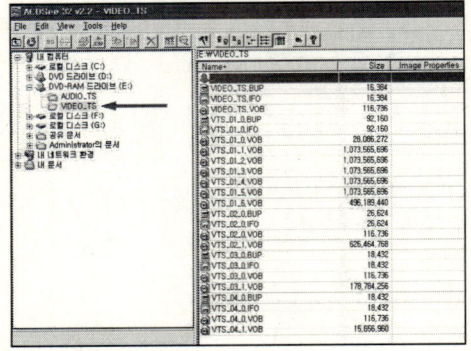

2. 영화 DVD에 수록된 영상물에서 필요한 동영상을 찾아본다.
   곰 플레이어를 실행한 다음 '열기' 버튼을 마우스로 클릭한다.

3. '파일 열기' 대화박스가 화면에 나타나면, DVD 안의 VIDEO_
TS 폴더를 마우스로 두 번 클릭한다.

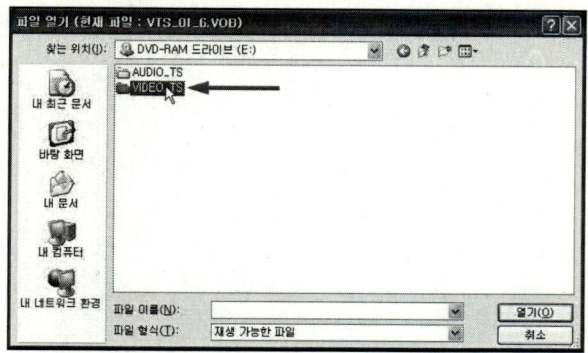

4. VIDEO_TS 폴더 안의 VOB 파일을 마우스로 선택한 다음, 하
단부의 '열기' 버튼을 클릭한다.

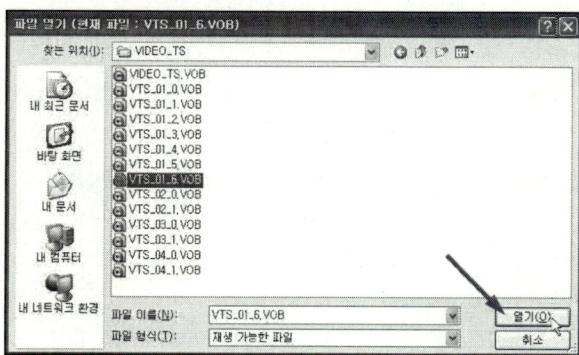

7장

5. 곰 플레이어의 하단부에 있는 ▶ 버튼을 클릭하여, 선택한 동영상을 재생하여 본다. 본인이 잘라내기를 원하는 동영상의 '시작 시간'과 '종료 시간'을 노트에 기록하여 둔다.

6. 동영상의 원활한 작업을 위해, 필요한 동영상을 DVD 원본에서 컴퓨터 하드 디스크로 복사한다. VOB 파일을 선택한 다음, '편집' 메뉴의 '복사'를 마우스로 선택한다.

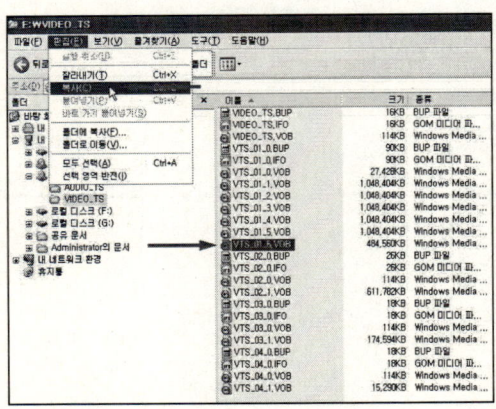

170

7. 컴퓨터의 지정된 폴더를 선택한 다음, '편집' 메뉴의 '붙여넣기'
를 선택한다.

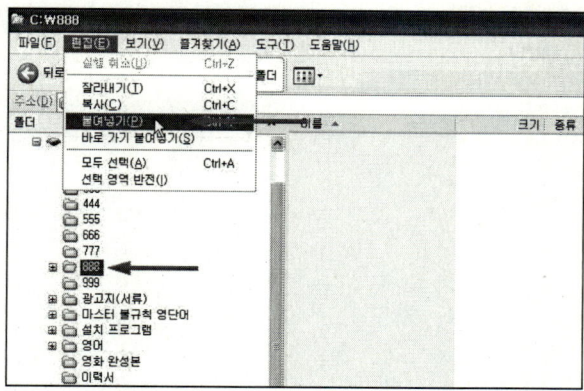

8. 다음과 같은 화면이 나타나며, 동영상 파일이 DVD에서 컴퓨
터 하드디스크로 복사되기 시작한다. 동영상 파일을 복사할때
에는 다른 컴퓨터 작업은 일체 하지 않는 것이 좋다.

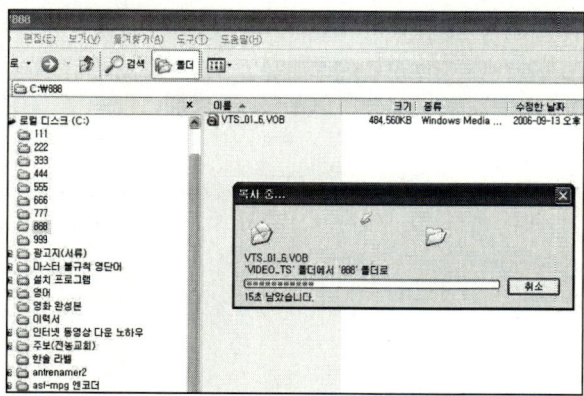

DVD 동영상의 특정 구간을
AVI 파일로 변환하기

1. 바탕화면에 있는 '다음 팟인코더' 아이콘을 마우스로 두 번 클릭한다.

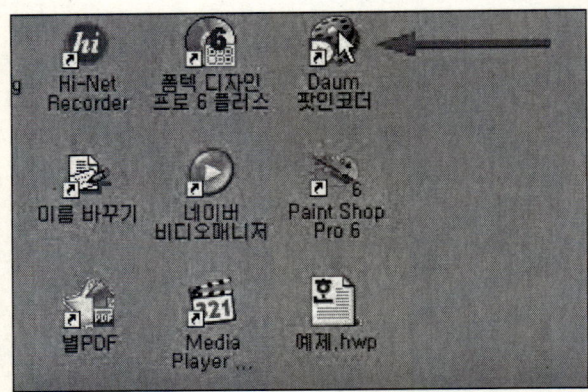

2. '다음 팟 인코더' 프로그램이 화면에 나타나면, 상단부의 '동영상 편집' 탭을 마우스로 클릭한다.

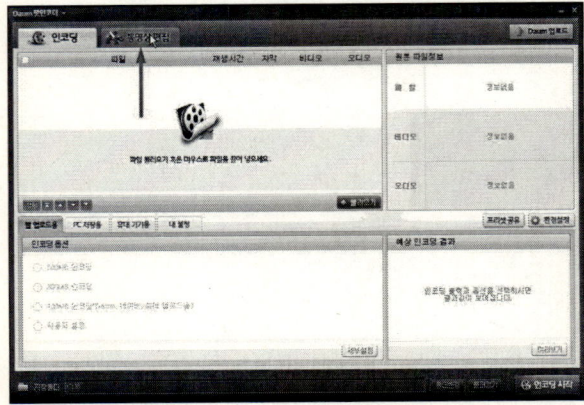

변환하기

3. '동영상 편집' 화면으로 이동하면, 화면 중앙에 위치한 '불러오기' 버튼을 마우스로 클릭한다.

4. '파일 열기' 대화박스가 화면에 나타나면, 컴퓨터의 폴더로 복사한 DVD 원본 파일(VOB)을 마우스로 선택한 다음 '열기' 버튼을 클릭한다.

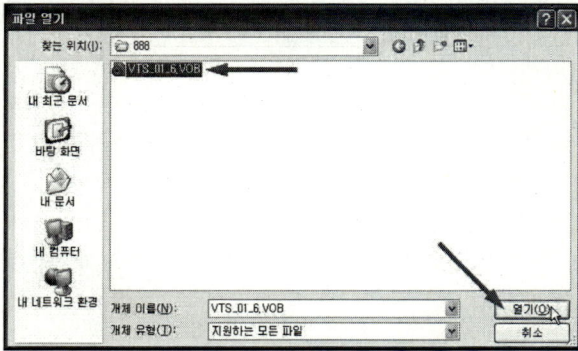

173

5. '알림' 대화박스가 화면에 나타나면, 하단부에 위치한 '확인' 버튼을 마우스로 클릭한다.

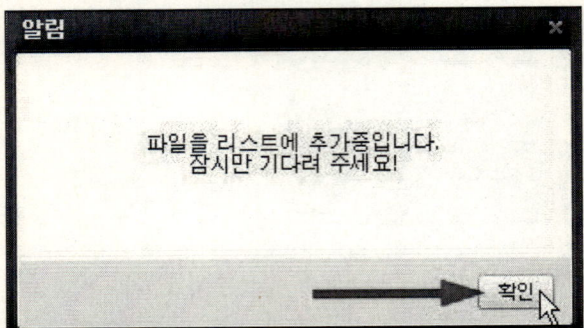

6. VOB 파일이 '파일' 목록에 나타나면, 마우스로 드래그하여 하단부의 '타임라인' 영역으로 이동시킨다.

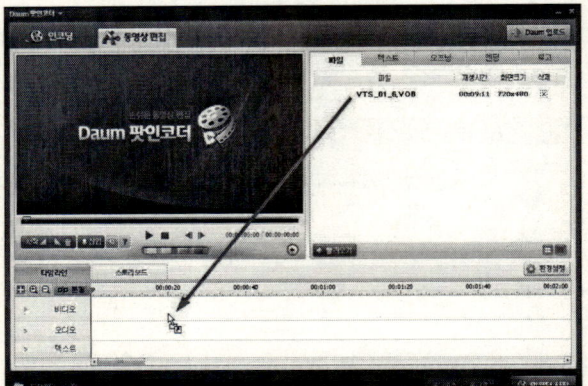

※ VOB 파일의 특정구간을 잘라낼 때에 동영상 컨버팅 프로그램이 오류나거나 종료되는 일이 자주 발생하면, VOB 파일을 직접 분할하지 말고 avi 파일로 전체를 변환한 다음, 변환된 avi 파일로 분할작업을 하면 된다.

7. 세밀한 분할작업을 위해서, '타임라인' 영역의 왼쪽에 위치한 '⊕(확대)' 버튼을 마우스로 여러 번 클릭해서 '타임라인' 영역을 1초 단위로 설정한다.

8. '타임라인' 영역이 1초 단위로 설정되면, 하단부의 '이동바'를 마우스로 드래그하여 '시작시간'으로 이동시킨다.

175

9. 시작시간 위치로 '타임라인' 영역이 이동하면, 마우스로 '재생
바'를 시작시간에 위치시킨다.

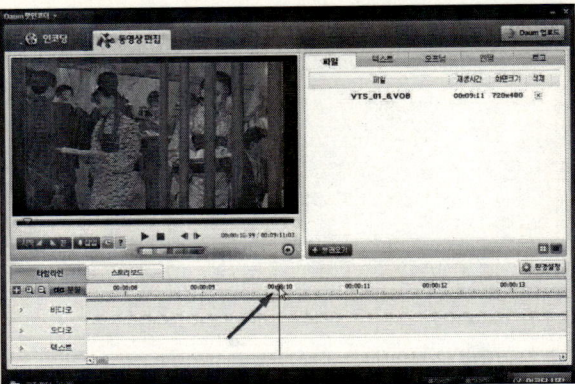

10. '타임라인' 영역의 왼쪽에 위치한 '분할' 버튼을 마우스로 클
릭한다.

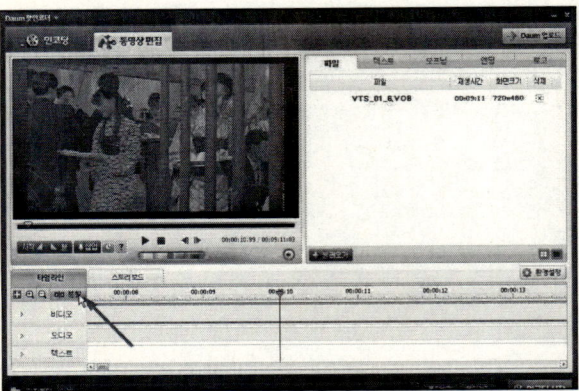

176

11. 동영상이 원하는 '시작시간'에 분할된 것을 볼 수 있다.

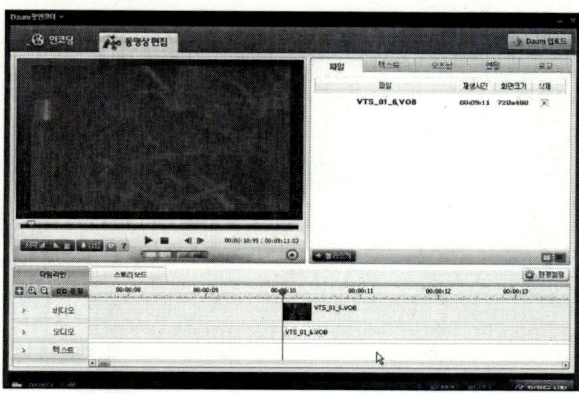

12. 하단부의 '이동바'를 마우스로 드래그하여 '종료시간'으로 이
    동시킨다.

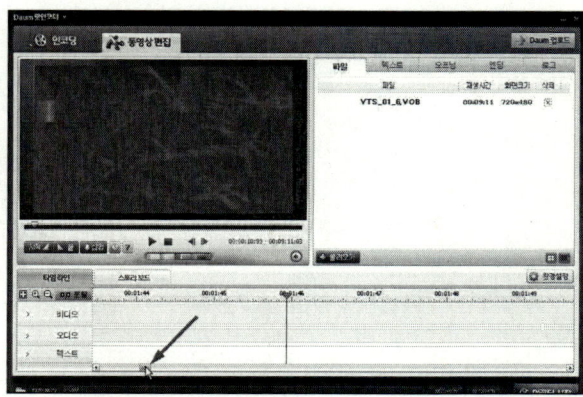

177

13. 종료시간 위치로 '타임라인' 영역이 이동하면, 마우스로 '재생 바'를 종료시간에 위치시킨다.

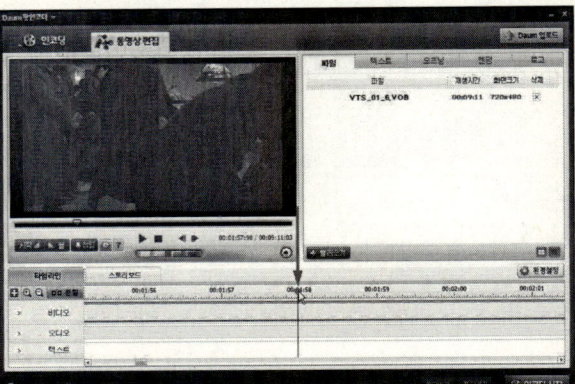

14. '타임라인' 영역의 왼쪽에 위치한 '분할' 버튼을 마우스로 클 릭한다. 동영상이 '종료시간'에 분할된 것을 볼 수 있다.

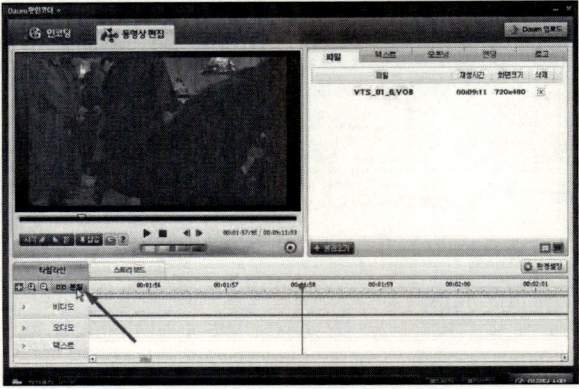

7장

15. 불필요한 동영상의 삭제작업을 위해서, '타임라인' 영역의 왼쪽에 위치한 'Θ(축소)' 버튼을 마우스로 여러 번 클릭해서 동영상 라인전체를 볼 수 있게 설정한다.

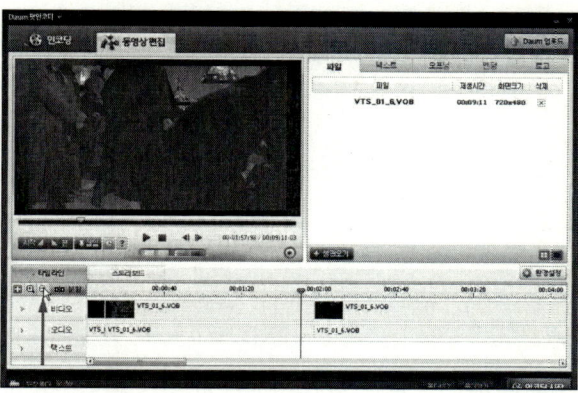

7장

16. 필요한 동영상의 왼쪽에 위치한, 필요 없는 동영상을 마우스로 선택한다.

17. 키보드의 'Delete(삭제)' 키를 클릭하면, 다음과 같은 대화박
스가 나타난다. 하단부의 '확인' 버튼을 마우스로 클릭하면,
필요 없는 왼쪽 동영상이 삭제된다.

18. 필요한 동영상의 오른쪽에 위치한, 필요 없는 동영상을 마우
스로 선택한다. 이전과 마찬가지로 'Delete(삭제)' 키를 클릭하
여, 필요 없는 오른쪽 동영상을 삭제한다.

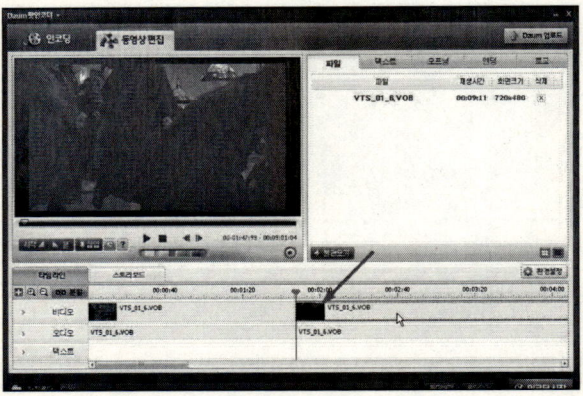

19. '다음 팟인코더' 프로그램의 오른쪽에 위치한 '환경 설정' 버튼을 마우스로 클릭한다.

20. '환경 설정' 대화박스가 화면에 나타나면, 하단부의 '화면 크기' 항목에서 '원본 크기 사용'을 마우스로 선택한다.

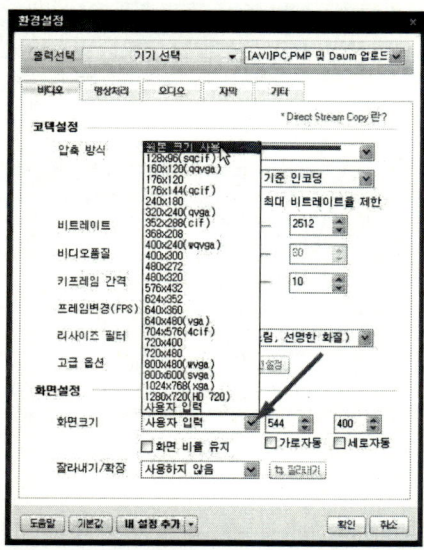

7장

21. 나머지 옵션은 그대로 둔 상태에서, 하단부의 '확인' 버튼을
    클릭하여 대화박스를 빠져 나간다.

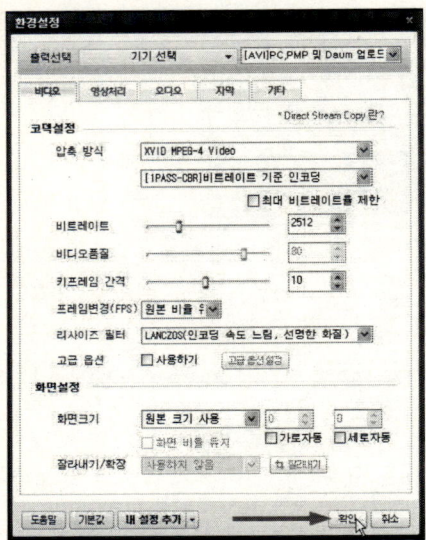

7장

22. '다음 팟인코더' 프로그램의 오른쪽 하단부에 위치한 '인코딩
    시작' 버튼을 마우스로 클릭한다.

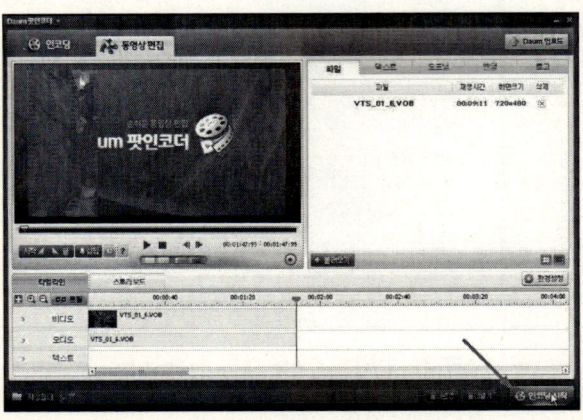

23. '동영상 저장' 대화박스가 화면에 나타나며, 동영상 인코딩이
진행되기 시작한다. 인코딩되고 있는 동안에는 다른 컴퓨터
작업을 하지 않는 것이 좋다.

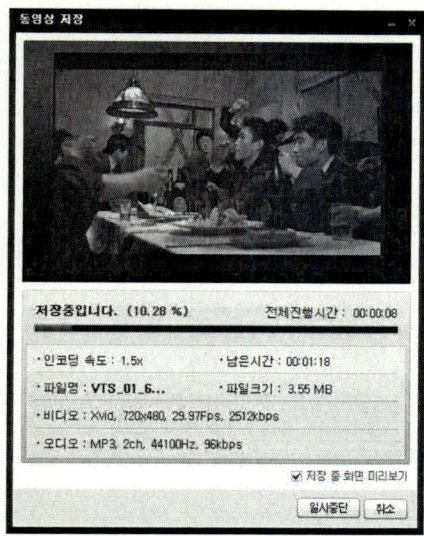

24. 동영상 인코딩이 완료되고 나면, '알림' 대화박스가 화면에 나
타난다. 마우스로 '폴더 열기' 텍스트를 클릭하여 본다.

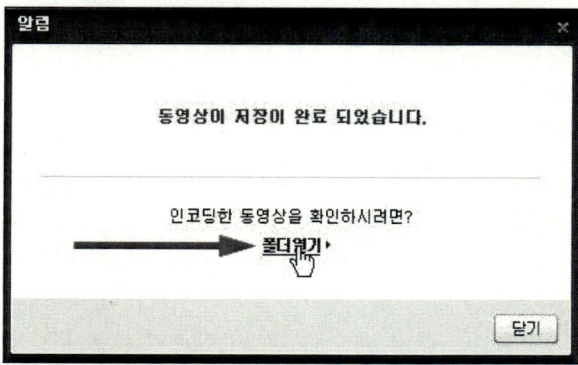

25. 완성된 동영상이 컴퓨터의 지정된 폴더에 저장이 된 것을 볼 수 있다.

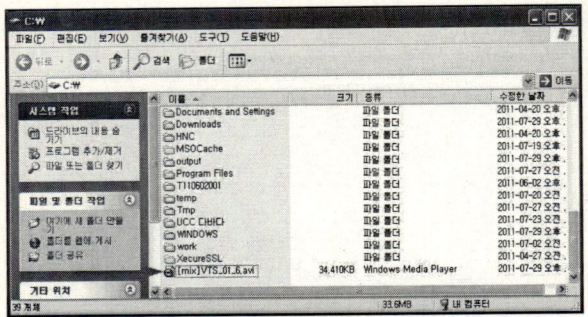

26. 완성된 동영상을 '네이버 블로그'에 업로드하여 본다.

※ 일반 포털 블로그들은 100MB, 10분 이내의 동영상만 업로드가 가능하다. 화면 크기도 352×288을 넘을 수 없고, 저작권이 있는 동영상들은 다른 네티즌들이 볼 수 없게 되어 있다.

하지만 동영상 검색이 용이하고, 동영상 중간에 챕터가 설정되어 있어 플레이할 때 편리하게 볼 수 있다.

'유튜브 사이트'에 업로드한 동영상을 '네이버 블로그'에 연결하기

1. '파이어폭스' 프로그램의 주소입력란에 'www.youtube.com'을 입력한 다음, Enter키를 친다.

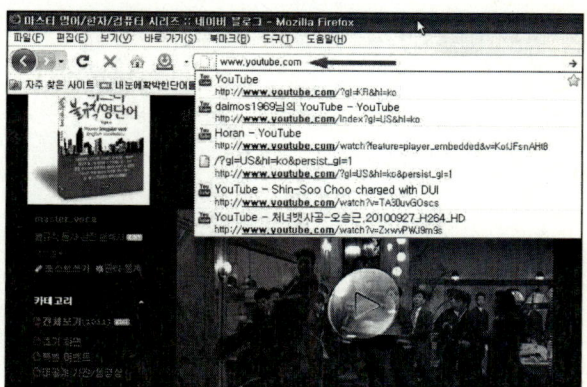

2. 다음과 같은 화면이 나타나면, 유튜브 계정이 없는 사용자는 '계정 만들기' 버튼을 마우스로 클릭한다.

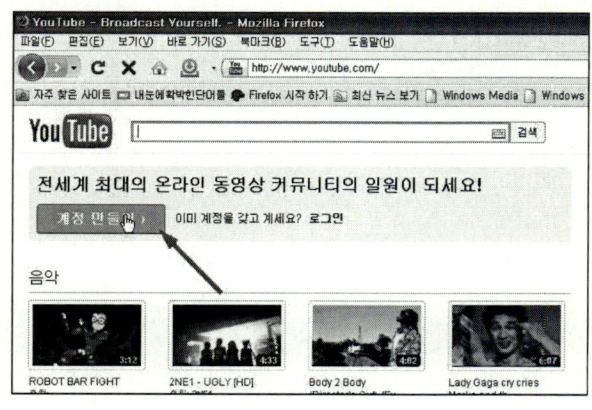

3. 다음과 같은 화면이 나타나면, '이메일 주소/사용자 이름/생년
   월일' 등을 입력한 다음 '동의함' 버튼을 마우스로 클릭한다.

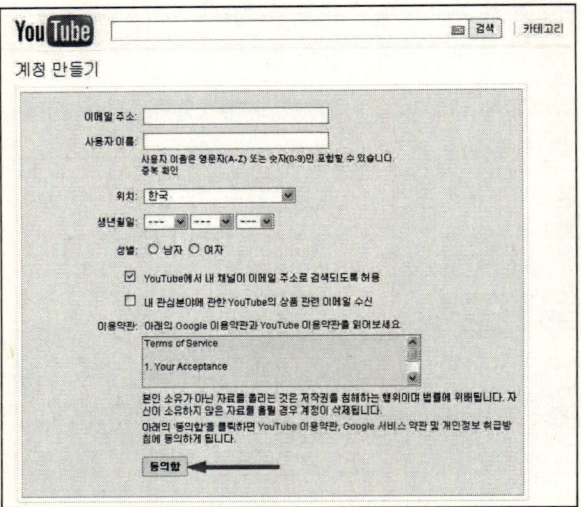

4. 유튜브 사이트의 오른쪽 상단부에 있는 '로그인' 버튼을 마우
   스로 클릭한다.

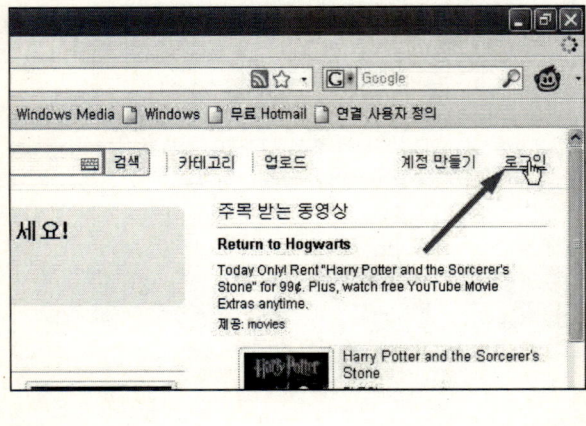

186

5. 다음과 같은 화면이 나타나면, 오른쪽에 있는 '사용자 이름'
   과 '비밀 번호'를 입력한 다음 '로그인' 버튼을 마우스로 클릭
   한다.

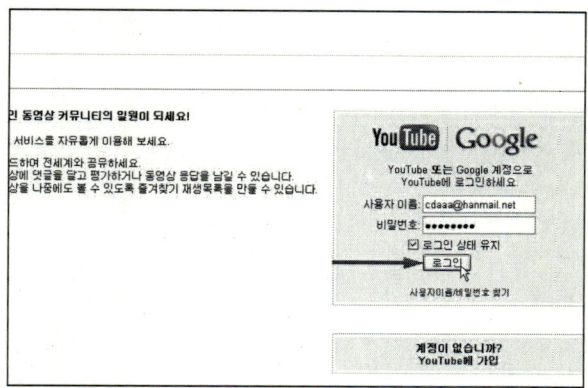

6. '로그인'이 되고 나면, 오른쪽 상단부의 '업로드' 버튼을 마우스
   로 클릭한다.

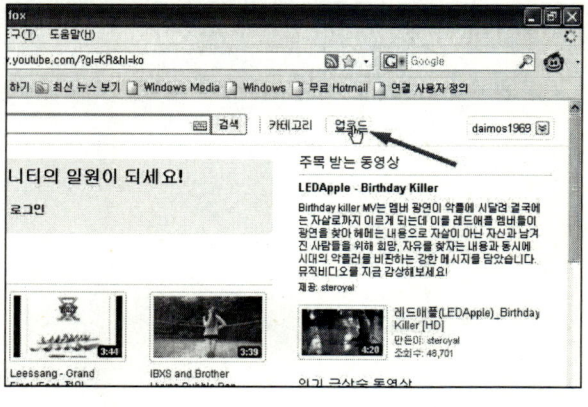

7. 다음과 같은 '경고 화면'이 나타나는 것을 볼 수 있다. 국가
   설정을 '한국' 이외의 나라로 지정해야 '경고 화면'이 나타나
   지 않는다.

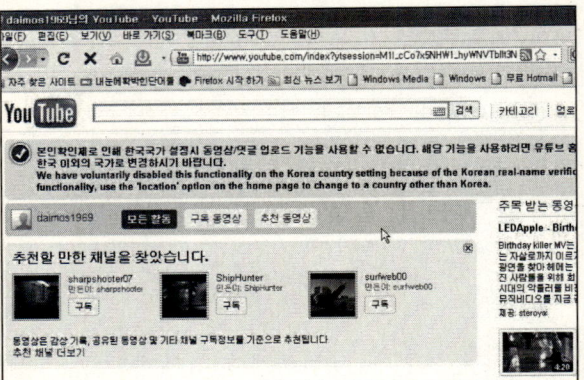

8. 웹사이트의 하단부로 화면을 이동하면, 다음과 같은 화면이
   나타난다. 마우스로 '위치 : 한국' 텍스트를 클릭한다.

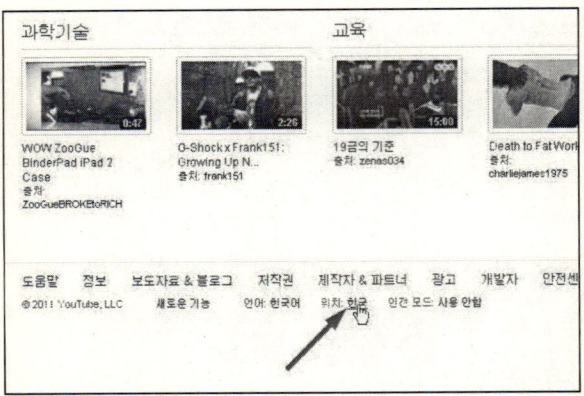

9. 다음과 같은 화면이 나타나면, 왼쪽에 있는 '전세계(전체)' 텍
   스트를 마우스로 클릭한다.

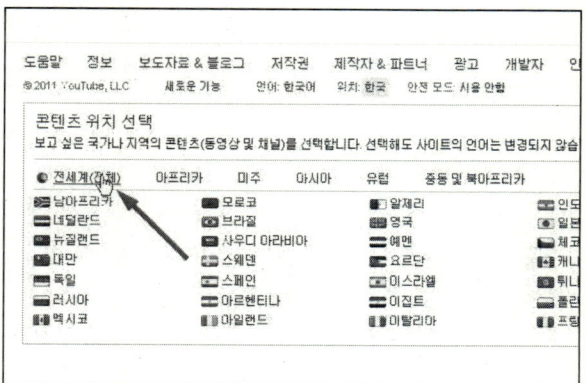

7장

10. 웹사이트 하단부에 '위치 : 한국'이 '위치 : 전세계'로 변경된
    것을 볼 수 있다.

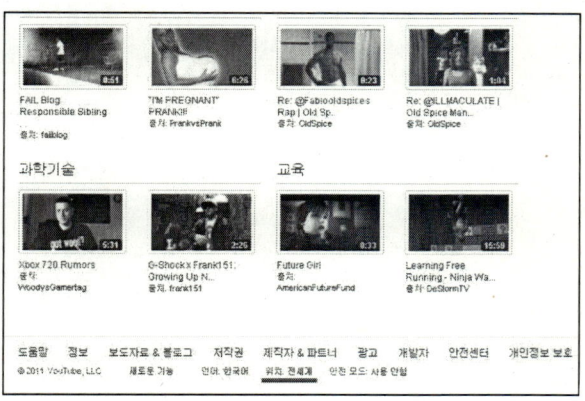

11. 다시 오른쪽 상단부의 '업로드' 버튼을 마우스로 클릭한다.

12. 다음과 같이 '동영상 파일 업로드' 화면이 나타나면, '동영상 업로드' 버튼을 마우스로 클릭한다.

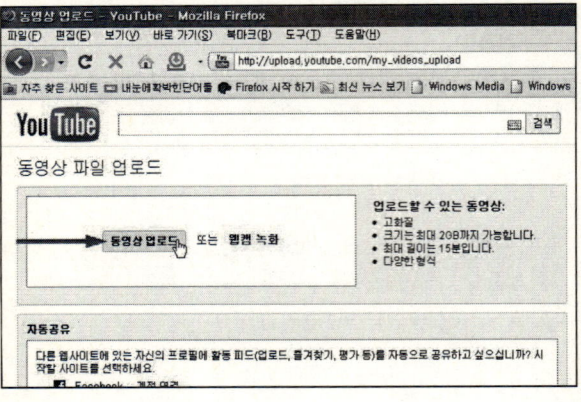

13. 다음과 같은 대화박스가 나타나면, DVD 파일에서 변환한 동영상을 선택한 다음 '열기' 버튼을 클릭한다.

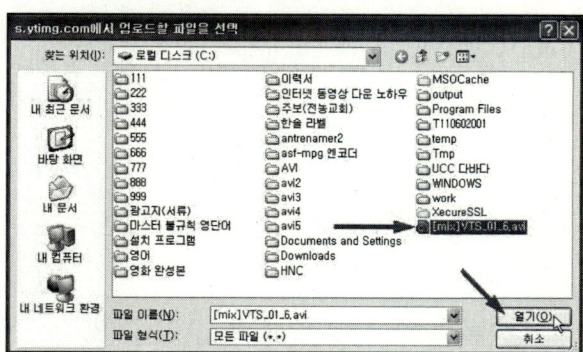

14. 동영상 파일이 업로드되기 시작하면, 제목 입력란에 마우스 커서를 위치시킨 다음 동영상의 제목을 입력한다.

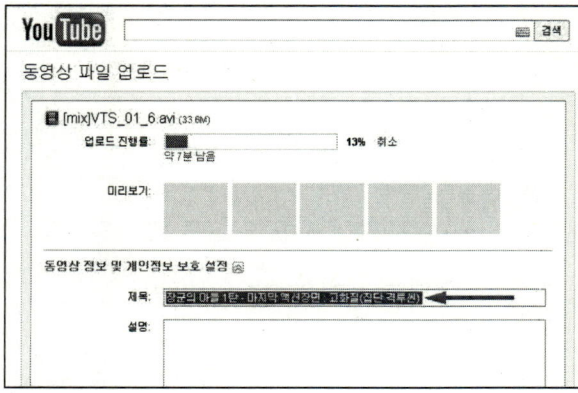

191

15. 하단부의 '카테고리' 항목에서 '영화/애니메이션'을 마우스로 선택한다.

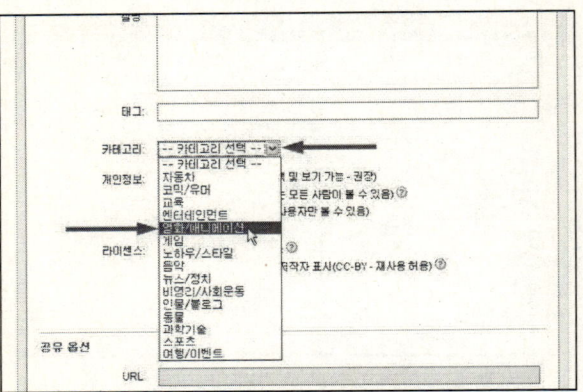

16. 동영상 업로드가 완료되면, 다음 화면과 같이 '미리보기' 화면 밑에 '처리 완료' 텍스트가 나타난다.

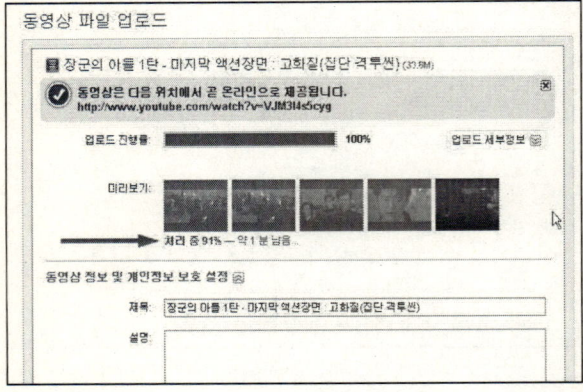

17. 동영상 업로드가 완료되면, 웹사이트 하단부의 '소스' 입력란
    에 동영상의 스크립트 소스가 나타나는 것을 볼 수 있다.
    마우스로 드래그하여 블록을 지정한 다음, 마우스 오른쪽 버
    튼을 클릭하여 팝업 메뉴에서 '복사'를 선택한다.

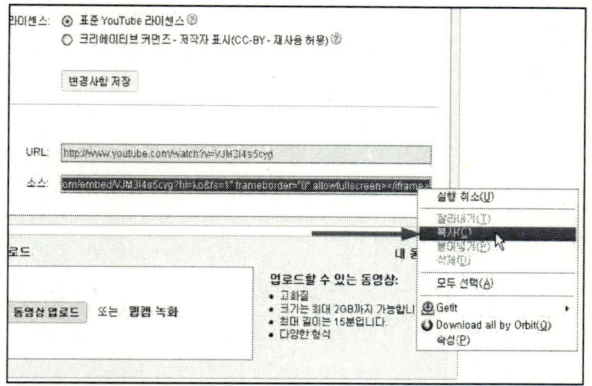

7장

18. 네이버 블로그를 로그인한 상태에서, 왼쪽 상단부의 '포스트
    쓰기' 항목을 마우스로 클릭한다.

193

19. 다음과 같은 화면이 나타나면, 제목 입력란에 '유튜브 사이트'
    와 동일한 제목을 입력한다.

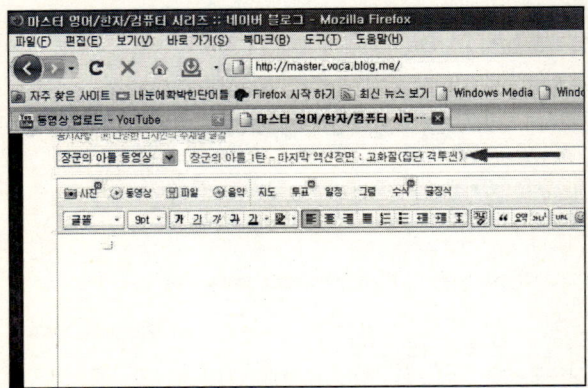

20. 'html 편집모드'에서 본문 입력란의 〈br〉 왼쪽에 마우스 커
    서를 위치시킨다.

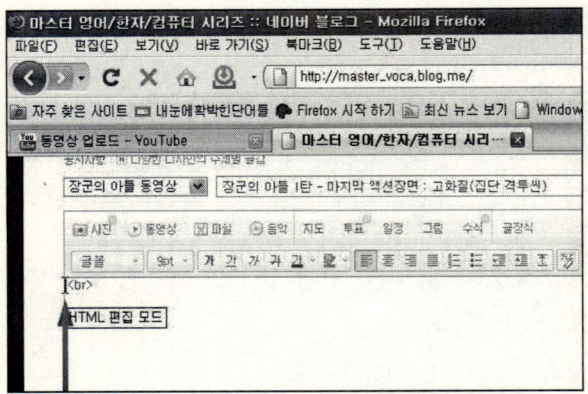

21. 마우스로 상단부의 '편집' 메뉴에서 '붙여넣기'를 선택한다.

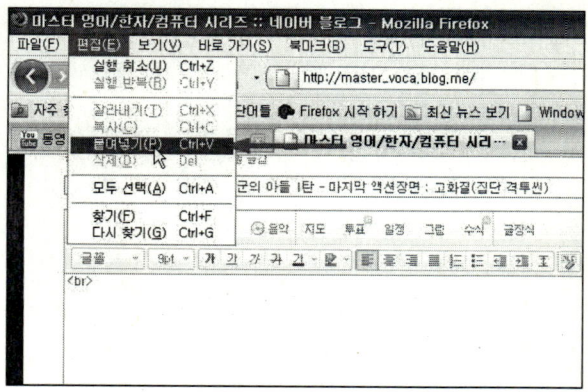

22. 동영상의 스크립트 소스가 본문 입력란에 붙여지면, ⟨br⟩의 다음 줄에 '장군의 아들'을 입력한다. 본문에 내용을 전혀 입력하지 않으면, 오류 화면이 나타날 수 있다.

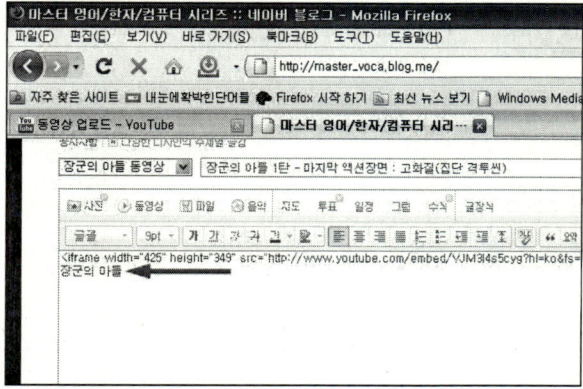

7장

23. 이번에는 동영상 화면의 가로 크기를 확대하여 본다. 마우스를 이용하여 'Width(폭)'를 425에서 720으로 변경한다.

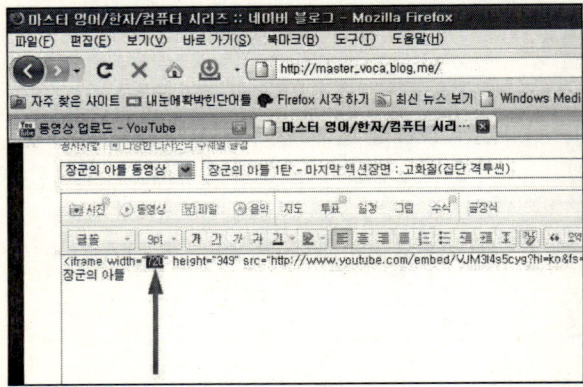

24. 이번에는 동영상 화면의 세로 크기를 확대하여 본다. 마우스를 이용하여 'Height(높이)'를 349에서 550으로 변경한다.

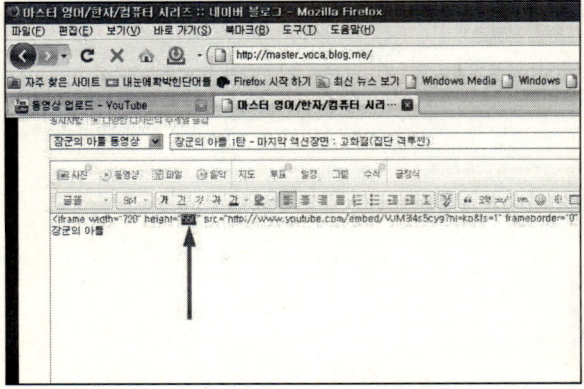

25. 웹사이트의 하단부로 이동한 다음, 마우스로 '확인' 버튼을 클릭한다.

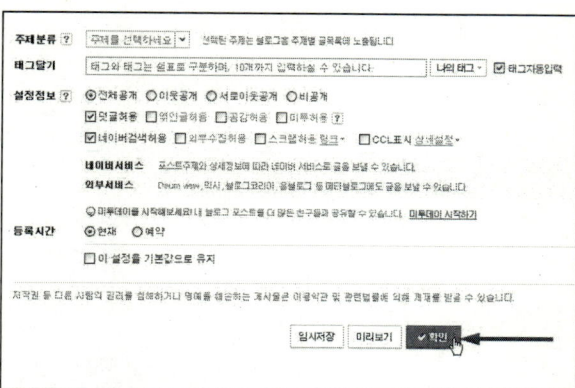

7장

26. 다음 화면과 같이, 네이버 동영상 화면보다 훨씬 넓은 크기의 동영상이 나타난다. 하단부에 위치한 ▶ 버튼을 클릭하여 동영상을 재생하여 본다.

공중파(지상파) 방송의 동영상을 블로그에 게재하는 방법

1. 다음 화면과 같이 공중파 방송(MBC, SBS, KBS) 동영상을 직접 블로그에 게재하게 되면, 저작권자에 의해 영상이 삭제되거나 아니면 블로그 관리자만 영상을 볼 수 있게 된다.

※ 케이블 방송이나 스카이라이프 방송 동영상 등은 아직까지 블로그에 게재가 가능하다.

7장

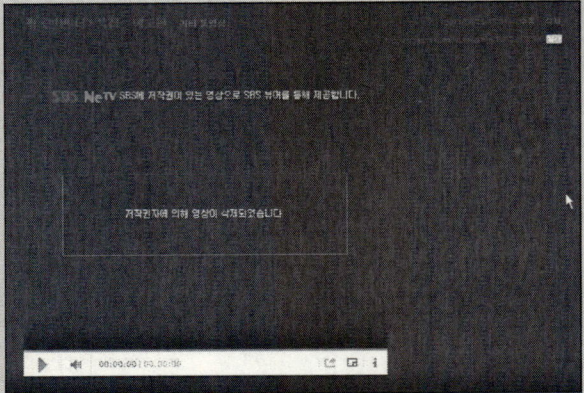

2. 블로그에 직접 올리지 말고, 유투브 사이트를 접속하여 동영상을 올린 다음 html 스크립트를 통해 동영상을 연결시키면 블로그에 게재가 가능하다.

그러나 포털 사이트의 검색에서는 유투브 동영상을 연결한 블로그는 검색순위에서 많이 밀리는 편이다.

유투브 동영상을
네이버 블로그에 공유하기

검색한 유투브 동영상을
네이버 블로그에 연결하기

1. '파이어폭스' 프로그램의 연 다음, 주소 입력란에 'www. youtube.com'을 입력한 다음 Enter키를 친다. 유투브 사이트로 이동하면, 검색 입력란에 'terminator'를 입력한 다음 오른쪽의 '검색' 버튼을 클릭한다.

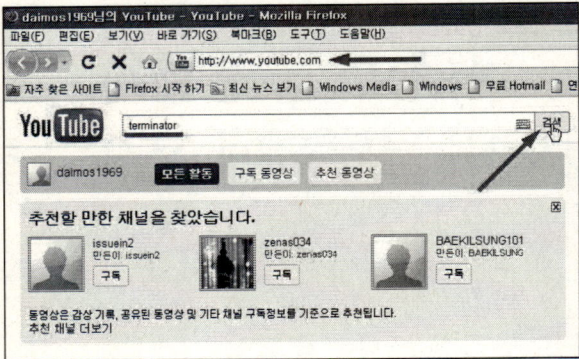

2. 다음과 같은 화면이 나타나면, 'The Terminator Movie Trailer(예고편)' 항목을 마우스로 클릭한다.

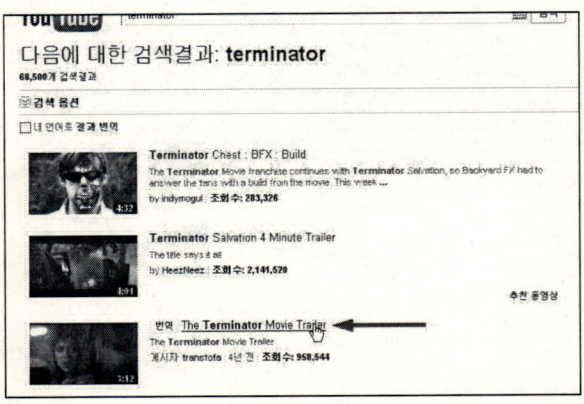

3. 다음과 같이 터미네이터 1탄 예고편 동영상 화면이 나타나면,
   ▶ 버튼을 클릭하여 동영상을 재생시켜 본다.

4. 동영상이 이상없이 재생되면, 하단부에 위치한 '공유' 버튼을
   마우스로 클릭한다.

5. 다음과 같은 화면이 나타나면, 하단부의 '소스 코드' 버튼을
   마우스로 클릭한다.

8장

6. 다음과 같은 화면이 나타나면, '소스 코드' 입력란의 html 스크
   립트를 마우스로 드래그하여 블록을 설정한다. 상단부의 '편
   집' 메뉴에서 '복사'를 선택한다.

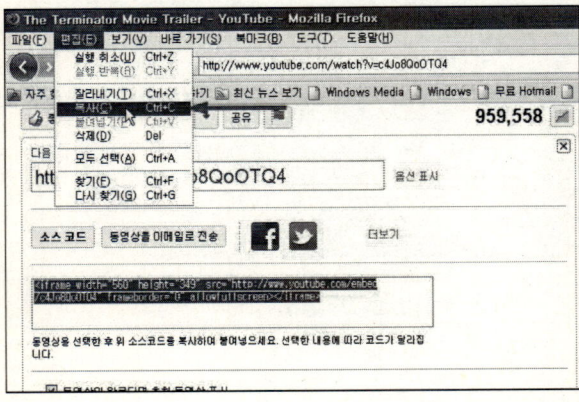

7. 새창 화면으로 '파이어폭스' 프로그램을 연 다음, 네이버 블로그 화면으로 이동한다. 로그인한 상태에서 왼쪽의 '포스트 쓰기' 항목을 마우스로 클릭한다.

8. 다음과 같은 화면이 나타나면, '카테고리'를 선택하고 '제목 입력란'에 제목을 입력한다.

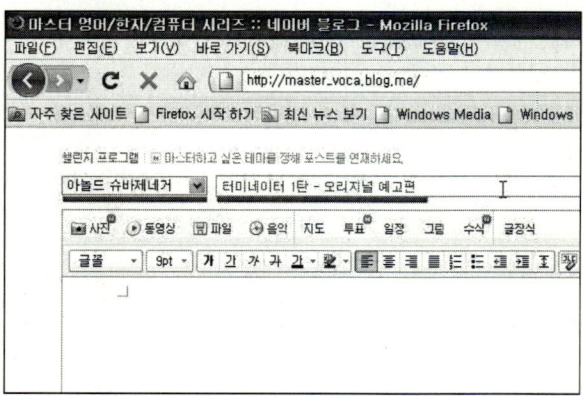

8장

205

9. 화면 오른쪽 하단부에 위치한 HTML 버튼을 마우스로 클릭한다.

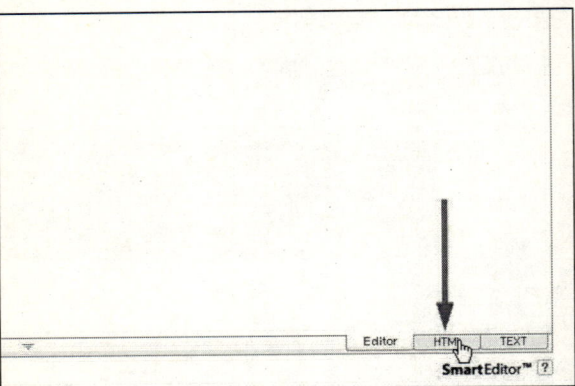

10. HTML 화면으로 이동하면, ⟨br⟩의 왼쪽에 마우스 커서를 위치시킨다.

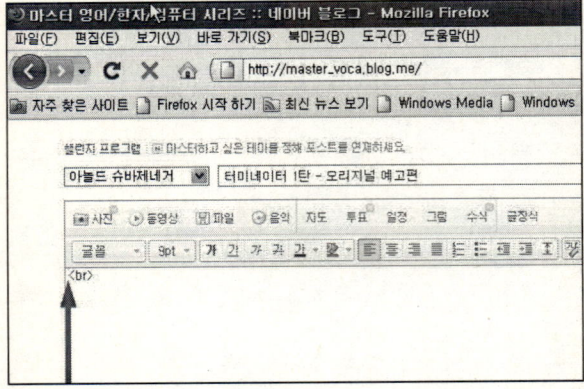

11. 마우스로 상단부의 '편집' 메뉴에서 '붙여넣기'를 선택한다.

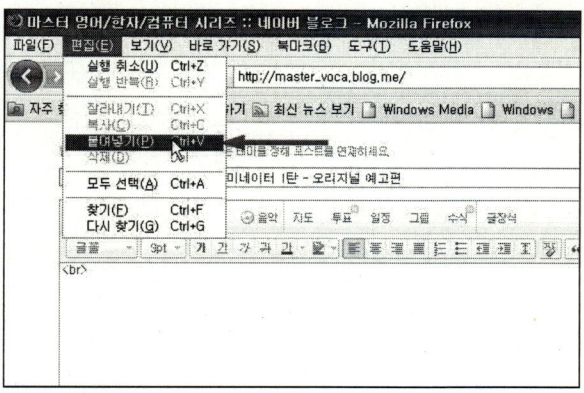

12. 다음과 같이, html 스크립트가 HTML 화면에 복사되어 나타
난 것을 볼 수 있다. 다음 줄에 '터미네이터'를 입력하여 본문
화면이 공백이 되지 않게 한다.

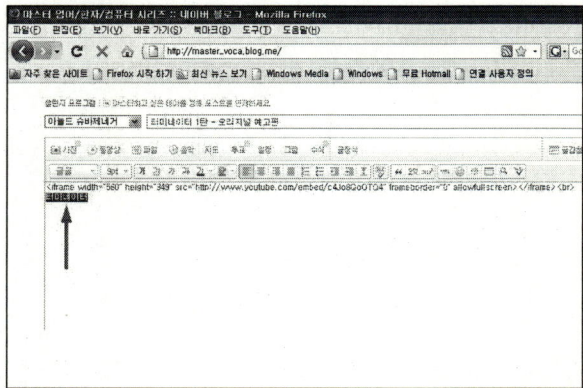

13. 하단부로 이동하여 다음과 같은 화면이 나타나면, '확인' 버튼을 마우스로 클릭한다.

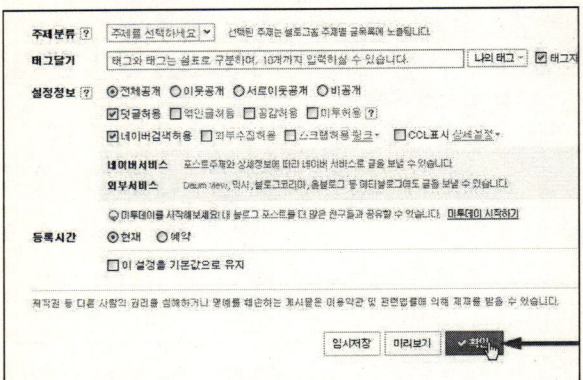

14. 다음과 같이, 네이버 블로그에 유투브 동영상이 연결된 것을 볼 수 있다. ▶ 버튼을 클릭하여 동영상을 재생시켜 본다.

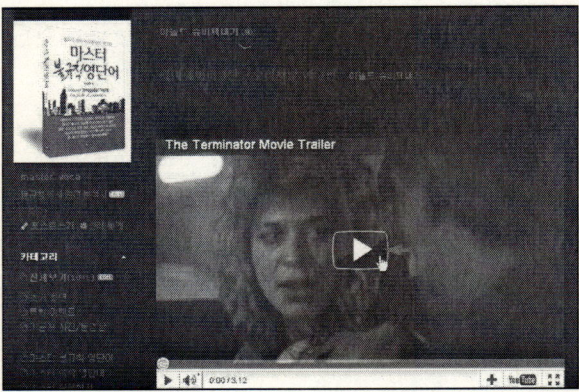

유투브 동영상의 필요한 부분만 잘라서 구간 재생하기

1. 유투브 사이트로 이동한 다음, 검색 입력란에 'street of fire'를 입력하고 '검색' 버튼을 클릭한다.

2. Street of Fire에 관련된 동영상 목록이 나타나면, 'Streets of Fire - Nowhere Fast - music video'를 마우스로 클릭한다.

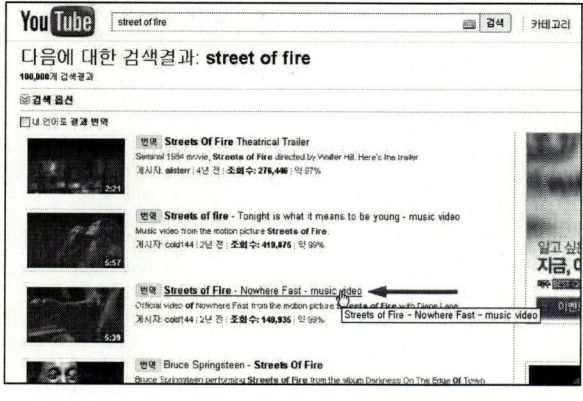

3. 다음과 같이 동영상 화면이 나타나면, ▶ 버튼을 클릭하여
   동영상을 재생하여 본다. 동영상이 이상없이 재생되면, 하단
   부의 '공유' 버튼을 마우스로 클릭한다.

4. 다음과 같이 '다음 동영상에 연결' 옵션이 나타나면, 웹사이트
   주소를 블록으로 지정한다. 마우스 오른쪽 버튼을 클릭하여
   팝업 메뉴가 나타나면, '복사'를 선택한다.

5. '파이어폭스'의 주소 입력란에 'www.tubechop.com'을 입력한 다음, Enter키를 쳐서 tubechop 사이트로 이동한다.

※ 참고로 tube는 '관(管), 대롱, 빨대'의 뜻을, chop은 '토막, 잘라내기'의 뜻을 가지고 있다.

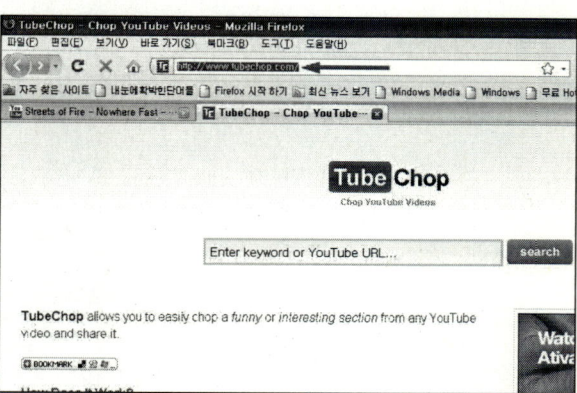

6. tubechop 사이트의 검색란에 커서를 위치시킨 상태에서, 마우스 오른쪽 버튼을 클릭한다. 팝업 메뉴가 나타나면, 가운데에 위치한 '붙여넣기'를 마우스로 선택한다.

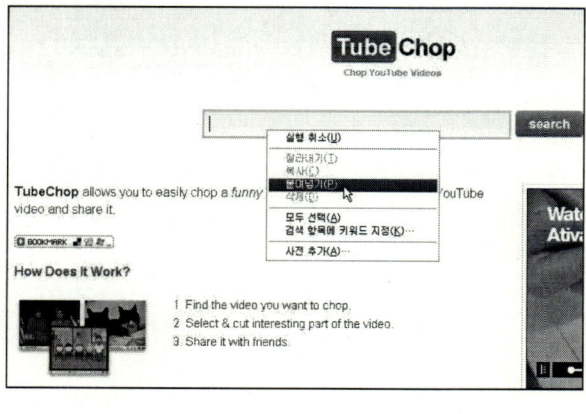

8장

7. 동영상의 웹사이트 주소가 검색란에 나타나면, 오른쪽의 'search' 버튼을 마우스로 클릭한다.

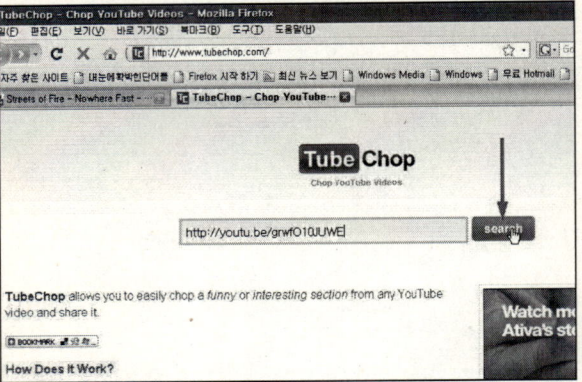

8. 다음과 같이 화면이 나타나면, 왼쪽에 있는 'chop it' 버튼을 마우스로 클릭한다.

9. 다음과 같이 동영상 화면이 나타나면, 왼쪽의 ▶ 버튼을 클릭하여 동영상을 재생시킨다.

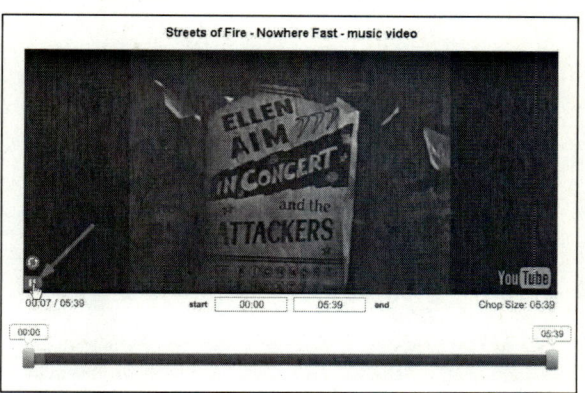

10. 동영상 구간재생을 시작하기 원하는 시간대에 오면, 동영상을 정지시킨다. 화면 중앙에 위치한 start [＿＿＿] 입력란에 시작 시간대를 입력한다.

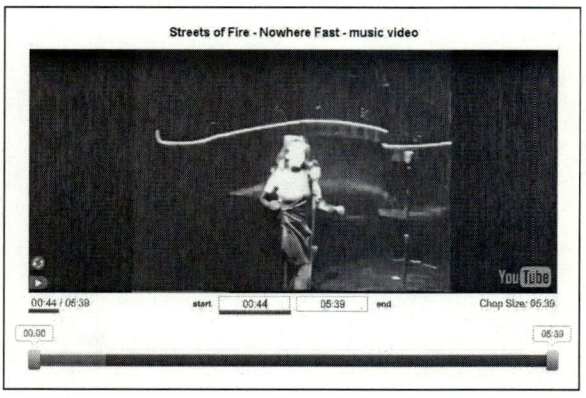

11. start [_____] 입력란에 시작 시간대를 입력하면, 하단부에
    Update 버튼이 새로 생성된다. 마우스로 Update 버튼을 클
    릭하면, 밑에 있는 시작시간대 막대가 이동하는 것을 볼 수
    있다.

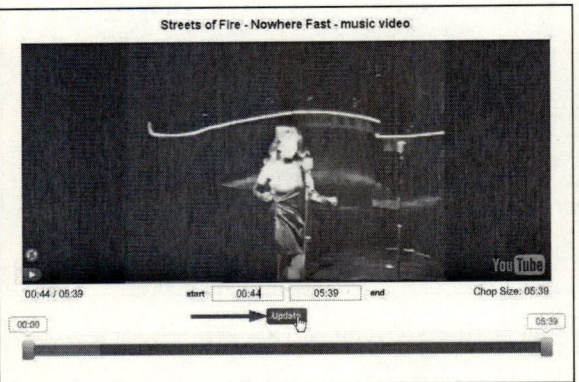

12. 다시 왼쪽에 있는 [▶] 버튼을 클릭하여 동영상을 재생시킨
    다. 동영상 구간재생을 종료하기 원하는 시간대에 오면, 작동
    영상을 정지시킨다.

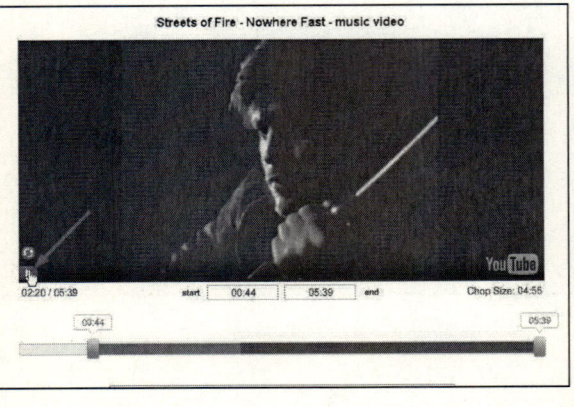

13. 화면 중앙에 위치한 end [　　　] 입력란에 종료 시간대를 입력한다. end [　　　] 입력란에 종료 시간대를 입력하면, 하단부에 Update 버튼이 다시 생성된다.

14. 마우스로 Update 버튼을 클릭하면, 밑에 있는 종료시간대 막대가 이동하는 것을 볼 수 있다.

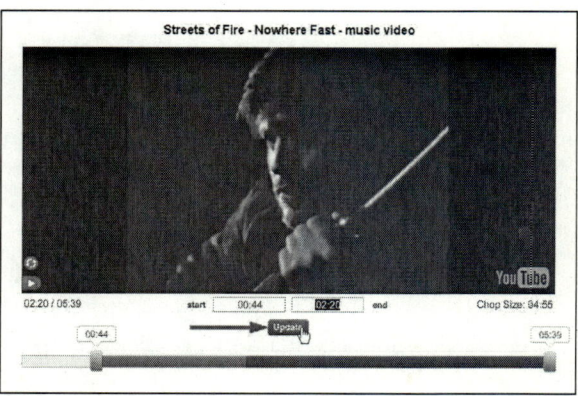

8장

215

15. 하단부의 'chop it' 버튼을 마우스로 클릭하여 구간설정 작업을 완료한다.

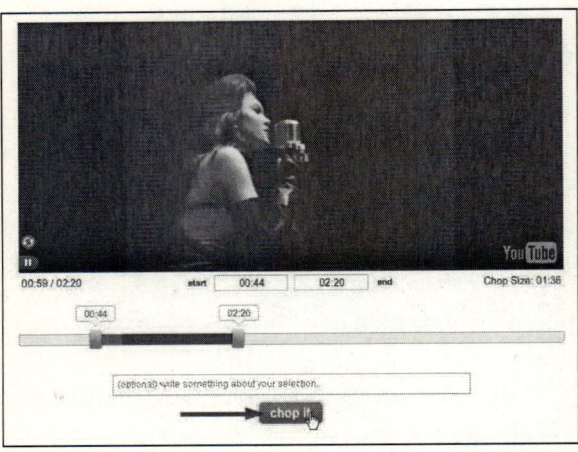

16. 다음과 같은 화면이 나타나면, 동영상 화면 중앙에 위치한 ▶ 버튼을 클릭하여 동영상을 재생시킨다.

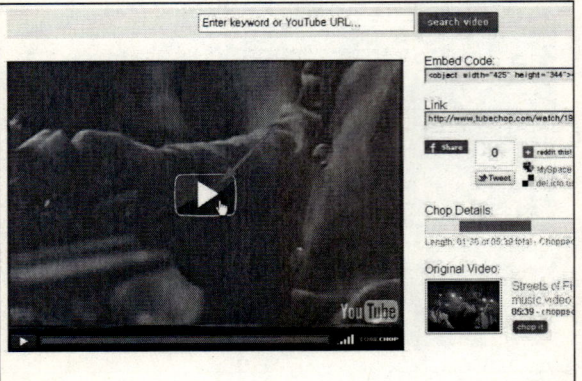

17. start와 end로 구간 설정한 부분의 동영상만이 재생되는 것을 볼 수 있다.

18. 오른쪽의 Embed Code 입력란의 html 태그를 마우스를 이용하여 블록을 지정한 다음, 마우스 오른쪽 버튼을 클릭한다. 팝업 메뉴가 화면에 나타나면, '복사'를 마우스로 클릭한다.

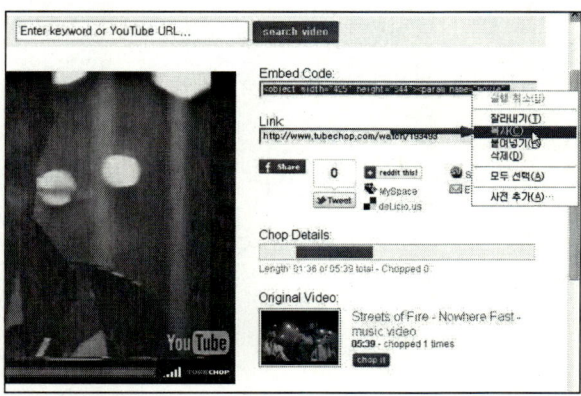

8장

217

19. '파이어폭스'의 '파일' 메뉴에서 '새 탭'을 마우스로 선택한다.

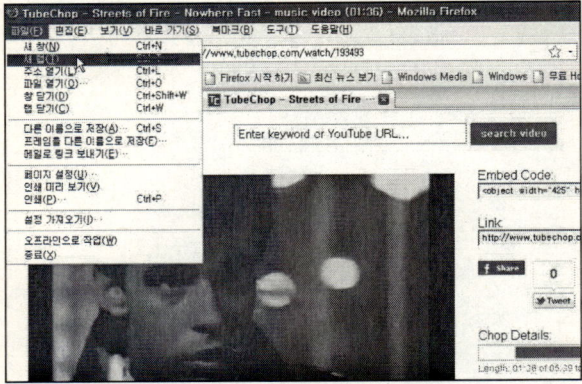

20. 새 탭 화면이 나타나면, 본인의 블로그로 이동한다. 로그인을
한 상태에서, 왼쪽 메뉴에 있는 '포스트 쓰기' 항목을 마우스
로 클릭한다.

8장

21. 다음과 같이 포스트 입력화면이 나타나면, '카테고리'를 선택하고 '제목 입력란'에 제목을 입력한다.

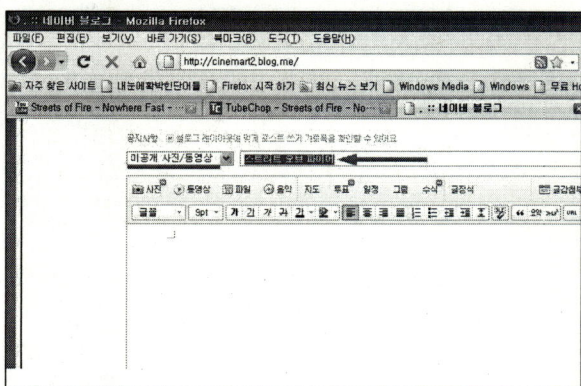

22. 오른쪽 하단부에 위치한 html 버튼을 클릭하여, html 화면으로 이동한다.

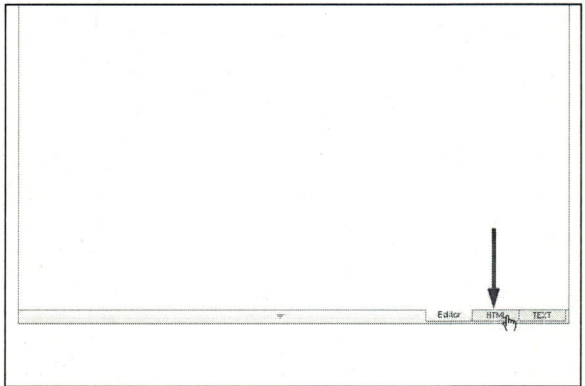

8장

23. 상단부 왼쪽에 위치한 〈br〉 태그 왼쪽에 마우스 커서를 위치시킨다.

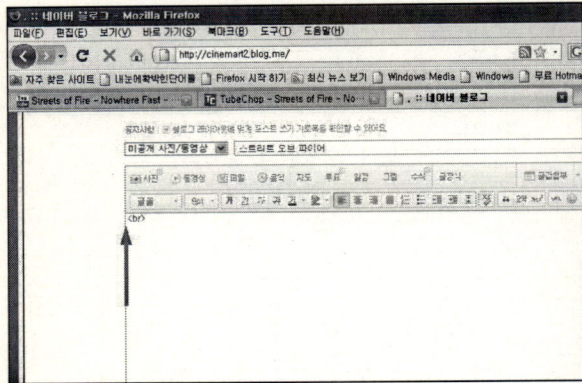

24. 상단부의 '편집' 메뉴에서 '붙여넣기'를 마우스로 선택한다.

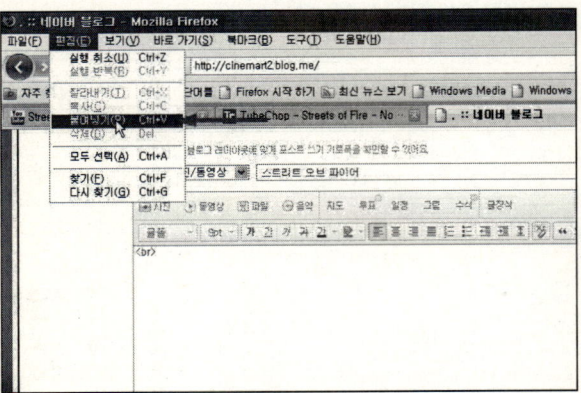

8장

25. 다음과 같이 html 태그가 복사된 것을 볼 수 있다. 하지만 스크립트가 완벽하게 입력된 상태가 아니기 때문에 제대로 작동되지 않는다. 복사된 스크립트를 모두 삭제한다.

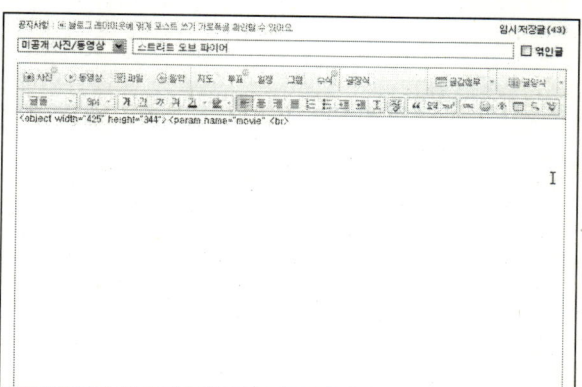

26. 다시 Embed Code 입력란의 html 태그를 마우스를 이용하여 복사한다.

27. 다음과 같이 html 태그가 복사된 것을 볼 수 있다. 이번에는 스크립트가 완벽하게 입력된 상태이다.

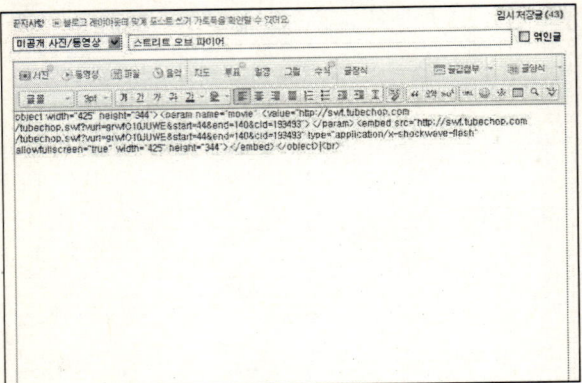

28. 블록으로 지정된 스크립트가 동영상 구간의 시작부분과 종료부분이다. 시작 부분은 44초이고, 종료 부분은 140초(2분 20초)인 것을 알 수 있다.

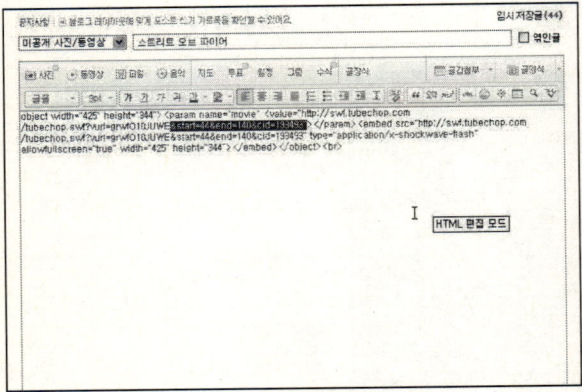

29. 하단부에 위치한 '확인' 버튼을 마우스로 클릭한다.

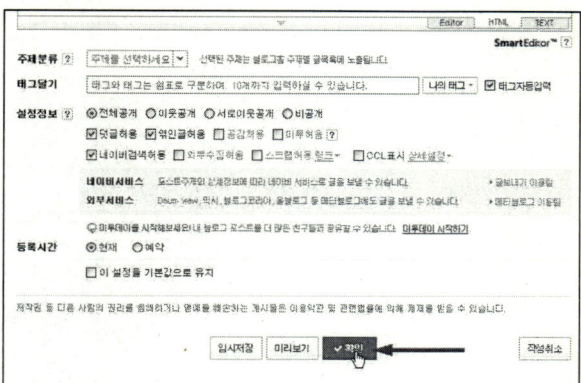

30. 네이버 블로그에 유투브 동영상이 연결된 것을 볼 수 있다. 동영상 화면의 가운데에 위치한 ▶ 버튼을 클릭하여, 동영 상을 재생시킨다.

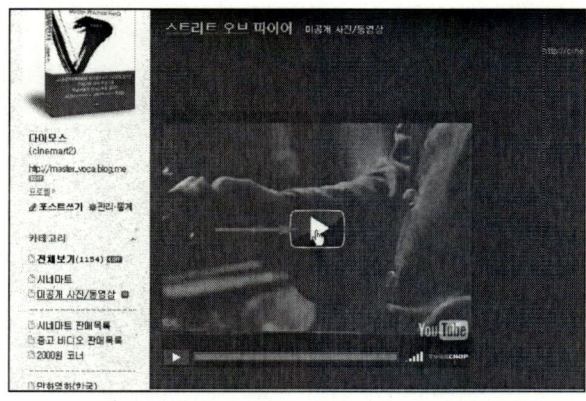

31. 다음과 같이 유투브 동영상의 특정구간이 재생되는 것을 볼
    수 있다. 처음 재생시에 유투브 동영상의 전체 구간을 공유할
    때보다 약간 더 시간이 걸리는 것을 알 수 있다.

8장